中等职业教育数字艺术类规划教材

Photoshop CS5 平面设计项目教程

周莉莉 姜全生 谭爱娣 主编

人民邮电出版社
北京

图书在版编目（CIP）数据

Photoshop CS5平面设计项目教程 / 周莉莉, 姜全生, 谭爱娣主编. -- 北京 : 人民邮电出版社, 2014.10(2018.3重印)
中等职业教育数字艺术类规划教材
ISBN 978-7-115-35760-1

Ⅰ. ①P… Ⅱ. ①周… ②姜… ③谭… Ⅲ. ①平面设计—图象处理软件—中等专业学校—教材 Ⅳ. ①TP391.41

中国版本图书馆CIP数据核字(2014)第135366号

内 容 提 要

本书采用商业案例与设计理念相结合的编写模式，配以精美的步骤详图，层层深入地讲解案例制作方法与设计思想。书中精心筛选商业案例，涉及照片处理、特效制作、DM、文字编排、海报、样本和包装等类别，堪称设计的经典案例合集，每个案例都列出了创意特点，并以详细的操作步骤解析了实例的制作方法，为读者提供广泛的设计思路。

本书适合 Photoshop 的初级用户、平面广告设计人员、产品包装造型人员、印刷制版人员以及计算机美术爱好者。

◆ 主　　编　周莉莉　姜全生　谭爱娣
责任编辑　王　平
责任印制　杨林杰

◆ 人民邮电出版社出版发行　　北京市丰台区成寿寺路 11 号
邮编　100164　　电子邮件　315@ptpress.com.cn
网址　http://www.ptpress.com.cn
北京九州迅驰传媒文化有限公司印刷

◆ 开本：787×1092　1/16
印张：10.75　　2014 年 10 月第 1 版
字数：268 千字　　2018 年 3 月北京第 4 次印刷

定价：27.00 元

读者服务热线：(010)81055256　印装质量热线：(010)81055316
反盗版热线：(010)81055315
广告经营许可证：京东工商广登字 20170147 号

本书编委会

主　编

周莉莉　姜全生　谭爱娣

副主编

史晓风　刘丽燕　侯丽萍　王　燕

编　委

魏延静　赵　静　董　磊

前　言

Adobe 公司推出的 Photoshop 软件是当前功能最强大的、使用最广泛的图形图像处理软件，以其领先的数字艺术理念，可扩展的开发性及强大的兼容能力，广泛应用于计算机美术设计、数码摄影和出版印刷等诸多领域。Photoshop CS5 通过更直观的用户体验、更大的编辑自由度及大幅提高的工作效率，使用户能更轻松地使用其无与伦比的强大功能。

目前，关于 Photoshop 制作的书籍很多，但适合中职学生学习的并不多。大部分针对中职生的书籍主要通过一些小的案例将知识点分散地进行讲解，以达到掌握软件操作的目的。但如何综合利用这些知识完整做出平面设计作品，如何将构思创意融入到作品中，如何将这些作品输出印刷等方面很少涉及，而这些却是读者最希望了解和掌握的。本书从实战应用的角度出发，每个项目都不是单纯地介绍软件操作，而是对操作方法的综合运用，具有较强的实用价值。

书中精心筛选商业案例，涉及照片处理、制作易拉宝、特效制作、户外喷绘广告制作、宣传单页制作、宣传画册和包装制作等，堪称设计的经典案例合集，每个案例都列出了创意特点，并以详细的操作步骤解析了实例的制作方法，为读者提供广泛的设计思路。

本书主要有以下几方面的特色。

（1）全新的写作模式。本书在编写上采用项目教学法，通过项目制作将知识点进行串接，打破传统教材的章节模式，以操作为主。每个项目由项目描述、项目实施、项目拓展和项目评价等部分构成。每个项目的实施分为不同的任务来完成，每个任务由任务描述、任务分析、任务实施和新知解析等部分构成。在项目的选用上，注重知识点的有效性、综合性和技巧性，将制作方法和商业制作技巧有效结合。项目之间由浅入深、梯度明晰、便于学生有效把握。

（2）商业案例与设计理念相结合。本书是作者从多年的教学及实践中汲取宝贵经验，以 Photoshop CS5 中文版为工具，采用商业案例与设计理念相结合的方式编写而成的，配以精美的步骤详图，层层深入地讲解案例与设计理念，为读者抛砖引玉，开启一扇通往设计的大门，让读者感受到 Photoshop 的强大功能以及它所带来的无限创意。

（3）注重技术的实用性。本书包含了从设计制作到印刷的整个流程的实用性技术。除了介绍工具软件和操作技巧，还包括了色彩管理和专业校色知识、排版技术、印刷工艺等。切实提高学生的综合应用能力，培养学生成为掌握最新技术并具备实际工作水平的专业人才。

本书由周莉莉、姜全生、谭爱娣任主编，史晓风、刘丽燕、侯丽萍和王燕任副主编，参与本书编写的还有魏延静、赵静、董磊，本书在编写的过程中，青岛杰邦科技有限公司提供了大量的技术支持，在此致谢。由于编者水平有限，书中不妥之处在所难免，恳请广大读者批评指正。

编　者

2014 年 4 月

目　　录

项目六 制作中国旅游宣传画册

项目七 制作企业手提袋

项目一 制作证件照片

【岗位设定】

具备一定美术设计和抠图能力的平面设计师。

【项目描述】

设计内容：制作证件照片。

客户要求：更换照片背景，并制作成 5 英寸大小、一版 4 张的 2 英寸证件照（1 英寸≈2.5 厘米）。最终效果如图 1-1 所示。

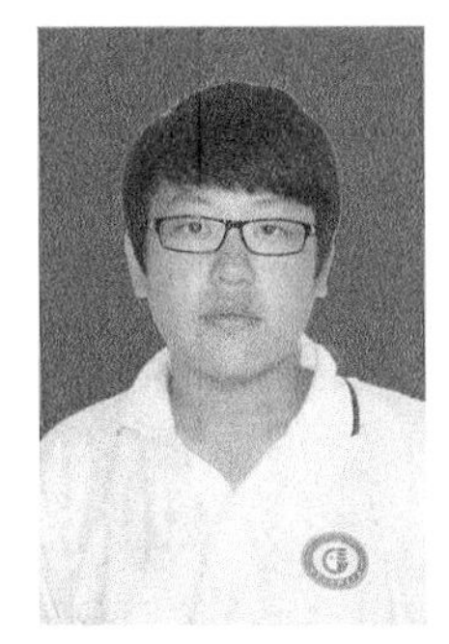

图 1–1

任务一 更换照片背景

任务描述

本任务主要是利用选区工具抠出人物，给照片换上指定背景，制作出一张 2 英寸证件照。本任务完成后最终效果如图 1-2 所示。

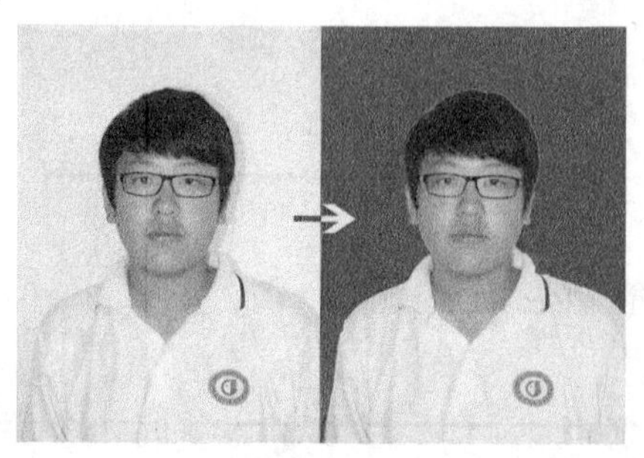

图 1-2

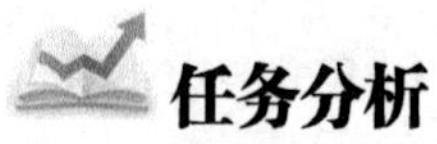

任务分析

（1）能够正确设置证件照尺寸大小、分辨率。

（2）熟练使用 Photoshop 选区工具及“色彩范围”命令创建选区。

（3）了解证件照的尺寸要求。

任务实施

（1）打开配套光盘中的“项目一\素材\人物 1.jpg”，选中“背景”层，按【Ctrl+J】组合键复制生成“背景副本”。

（2）选中“背景副本”层，单击【选择】菜单下的【色彩范围】命令，用吸管工具在如图 1-3 所示位置单击，建立如图 1-4 所示选区。

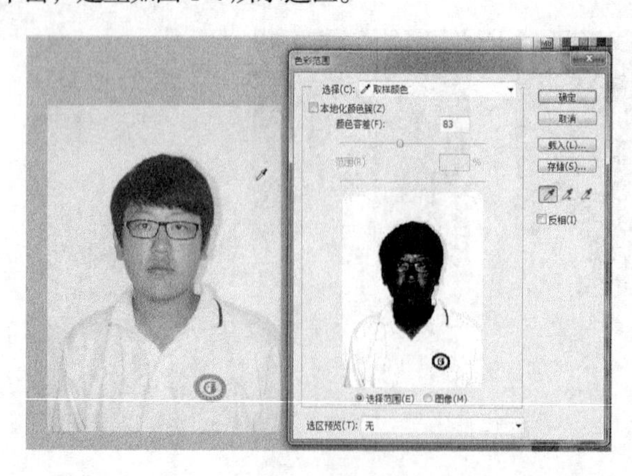

图 1-3

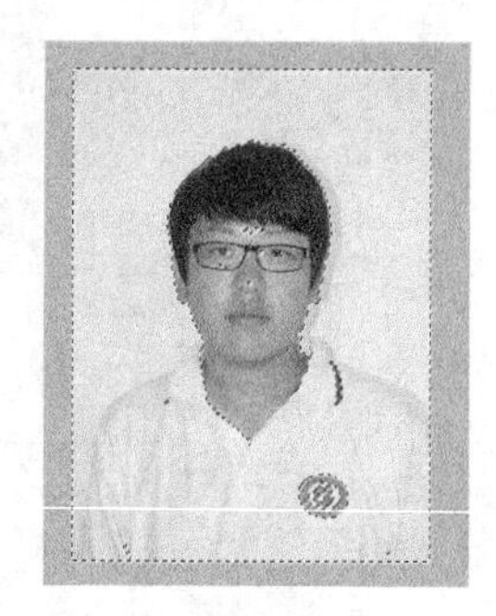

图 1-4

（3）使用【套索工具】的选区加减运算功能，使最终选区变成如图 1-5 所示效果。

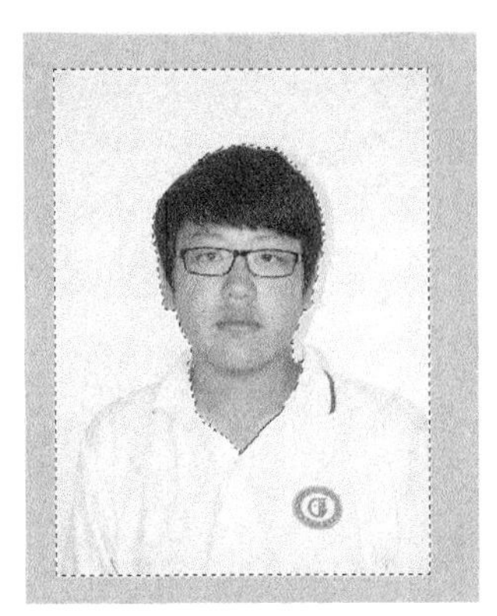

图 1–5

（4）按【Ctrl+Shift+I】组合键将选区反向，按【Ctrl+J】组合键将选出的人物头部复制生成“图层 1”，如图 1-6 所示。

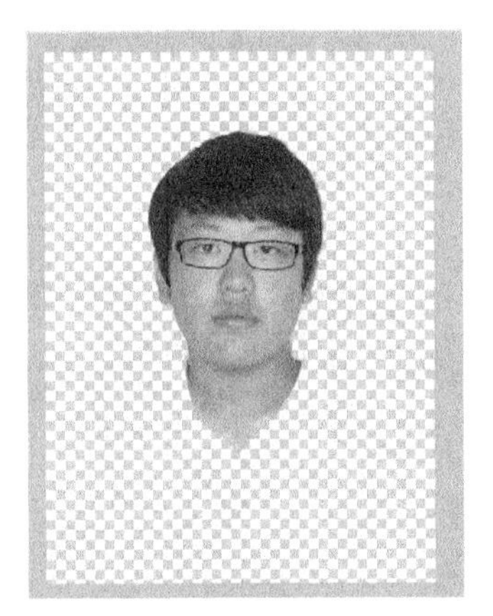

图 1–6

（5）使用【魔棒工具】，将容差值设为 5，利用选区的加运算，创建如图 1-7 所示的选区。

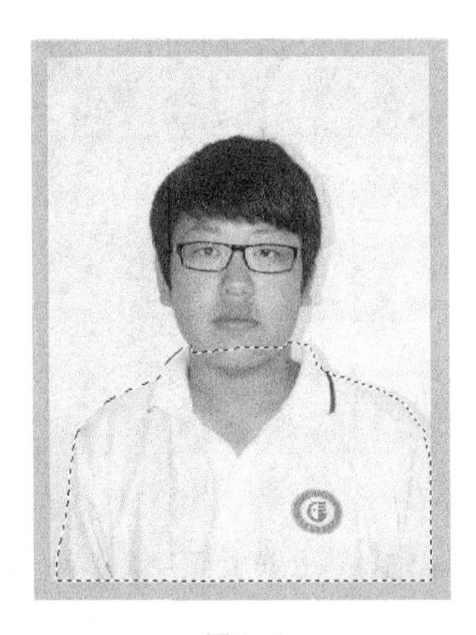

图 1–7

（6）选中 “背景副本”层，按【Ctrl+J】组合键将选出的人物身体复制生成“图层 2”，如图 1-8 所示。

图 1–8

（7）新建“图层 3”，置于“图层 1”和“图层 2”下方，并将其填充红色，如图 1-9 所示。

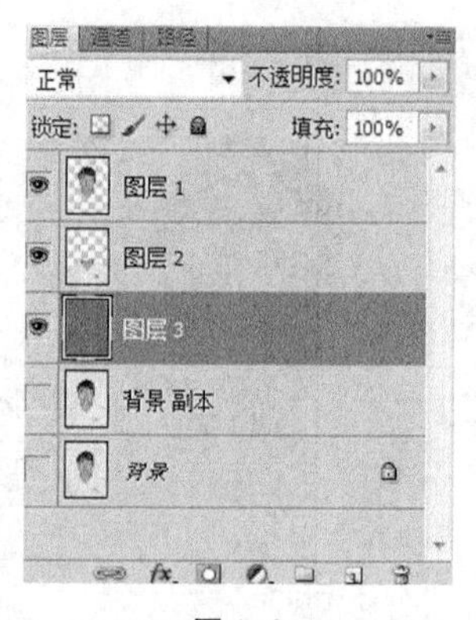

图 1–9

（8）按住【Shift】键连续选中“图层 1”、“图层 2”和“图层 3”，按【Ctrl+Shift+Alt+E】组合键盖印图层，生成“图层 4”，如图 1-10 所示。

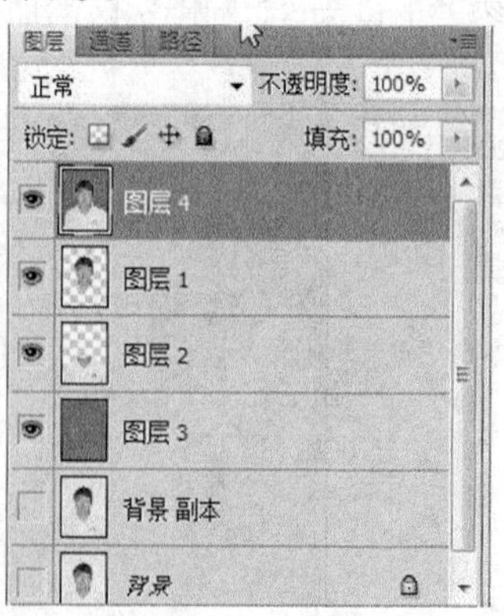

图 1–10

（9）新建文件，大小为 3.5 cm × 5.3cm（2 英寸照片大小），分辨率为 300 像素/英寸，如图 1-11 所示。

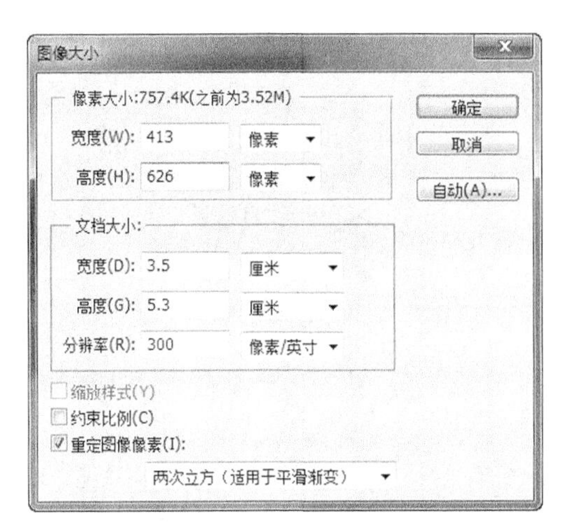

图 1–11

（10）将“人物 1.jpg”里的“图层 4”拖曳至当前新建文件内，并按【Ctrl+T】组合键调整其大小，如图 1-12 所示，按【Enter】键确认。

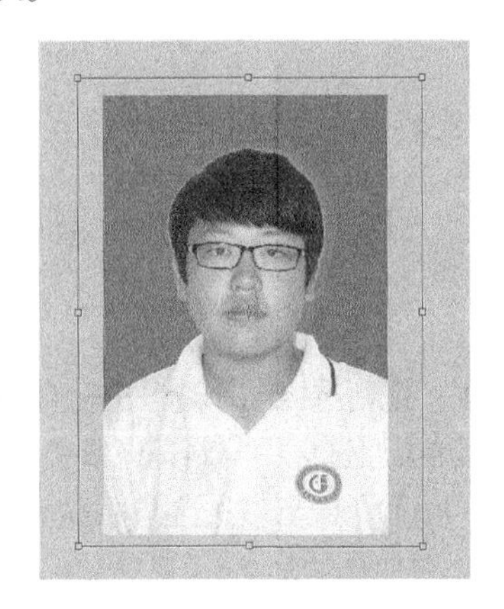

图 1–12

（11）至此一张白底换成红底的 2 英寸照片就完成了，保存文件名为“2 英寸照片.psd”。

新知解析

（一）盖印图层

盖印图层就是将多个选中的图层合并后的结果盖印到新建的图层上，而选中的图层仍然存在，快捷键是【Ctrl+Alt+Shift+E】。

（二）选区的创建与运算

1. 创建选区

在 Photoshop 中，对图像的某个部分进行调整，就必须有一个指定的区域。这个指定的过程称为选取。通过某些方式选取图像中的区域，形成选区。

创建选区的工具有两大类。一类是规则选区工具：矩形选框工具、椭圆选框工具、单行选框工具和单列选框工具，如图 1-13 所示。

图 1–13

第二类是不规则选区工具：套索工具、多边形套索工具、磁性套索工具、魔棒工具和快速选择工具，如图 1-14 所示。

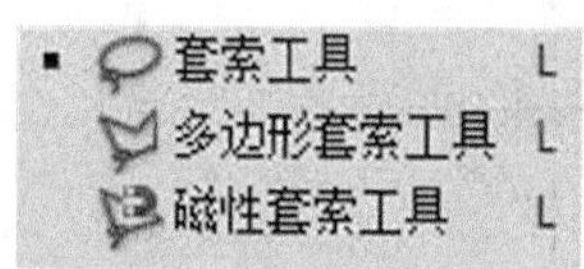

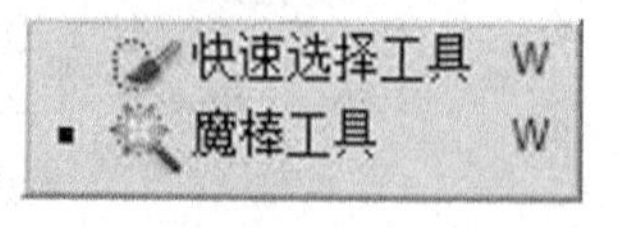

图 1–14

2. 选区的运算

每种选区工具的工具栏都会有选区的 3 种运算，以套索工具为例，如图 1-15 所示。

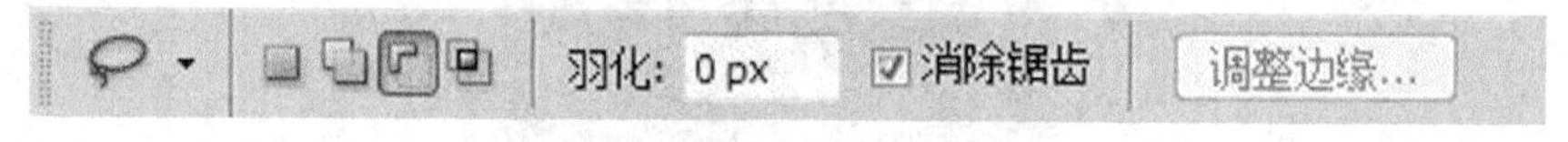

图 1–15

（1）添加到选区（相加:【Shift】）：把新选区与原选区进行合并。

（2）从选区减去（相减:【Alt】）：减去原选区中与新选区重叠的部分。

（3）与选区交叉（相交:【Shift+Alt】）：保留新选区与原选区重叠的部分。

（三）"替换颜色"命令

在现实生活中，还会遇到将蓝色（或红色）背景的证件照换成其他背景的问题，可以使用【图像】菜单里的【调整】下的【替换颜色】命令来实现，如图 1-16 所示，实现将一张蓝色背景的证件照换成红底的效果。

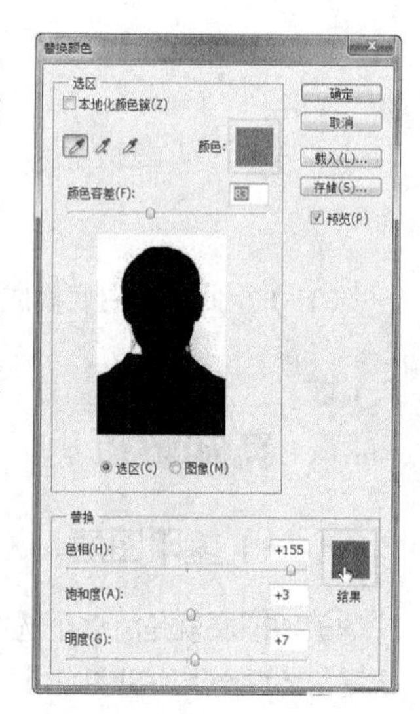

图 1–16

任务二 制作一版 5 英寸证件照

任务描述

本任务是将 2 英寸照片定义成图案，填充形成 5 英寸版面大小的证件照。

完成的最终效果如图 1-17 所示。

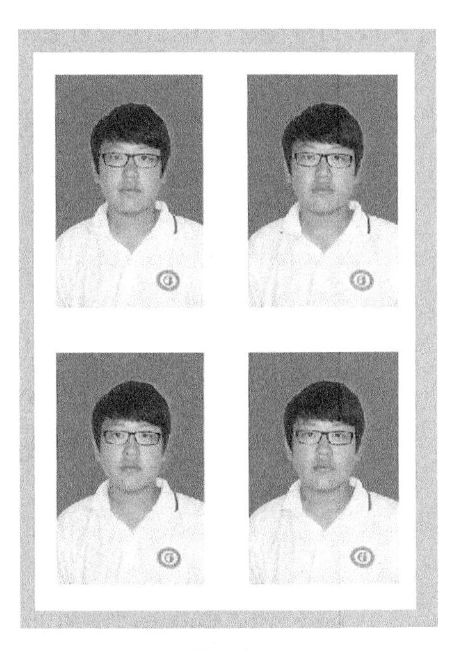

图 1–17

任务分析

（1）能够正确设置证件照尺寸大小、分辨率。

（2）熟练定义图案，使用图案填充。

（3）会调整画布大小。

任务实施

（1）打开配套光盘中的“项目一\素材\2 英寸照片.psd”，按住【Shift】键选中“背景”层和“图层1”，按【Ctrl+E】组合键合并图层，如图 1-18 所示。

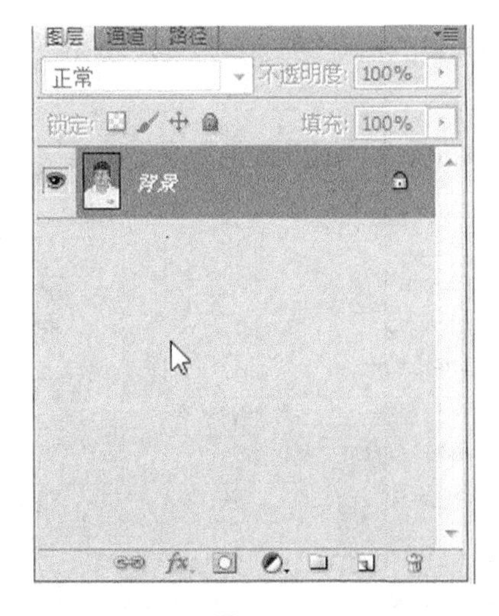

图 1–18

（2）选择【图像】菜单中的【画布大小】命令，相对位置设为 120×120，画布扩展颜色为“白色”，如图 1-19 所示。

图 1–19

（3）按【Ctrl+A】组合键，建立如图 1-20 所示矩形选区。

（4）单击【编辑】菜单中的【定义图案】命令，将矩形选区定义为图案，名称默认，如图 1-21 所示。

图 1–20

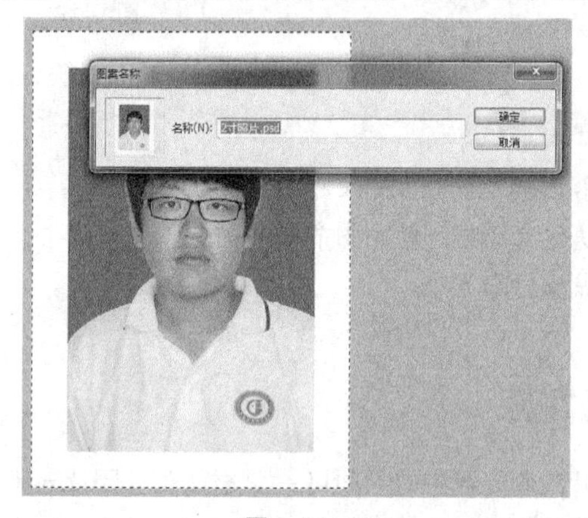

图 1–21

（5）新建文件大小为 8.9 cm×12.7cm（5 英寸照片的尺寸），分辨率为 300 像素/英寸，如图 1-22 所示。

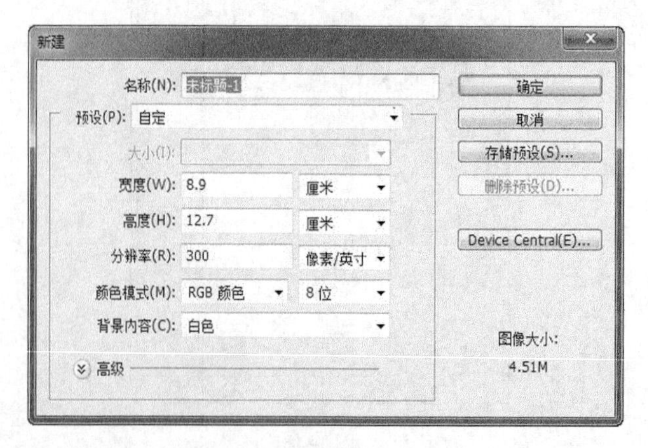

图 1–22

（6）单击【编辑】菜单中的【填充】命令，在弹出的对话框中选择步骤（4）中定义的图案，如图 1-23 所示。

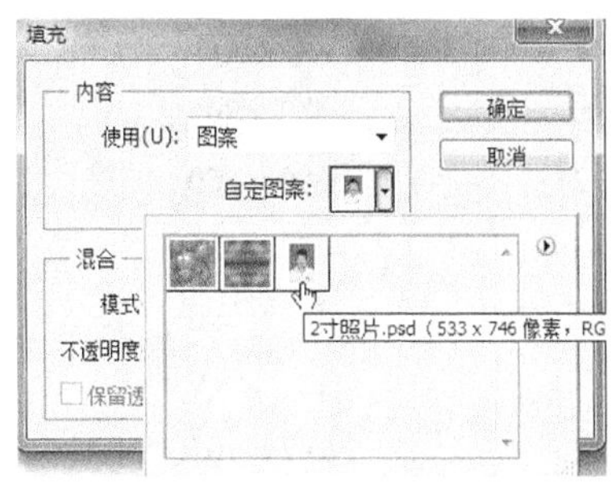

图 1–23

（7）填充后的效果如图 1-24 所示。

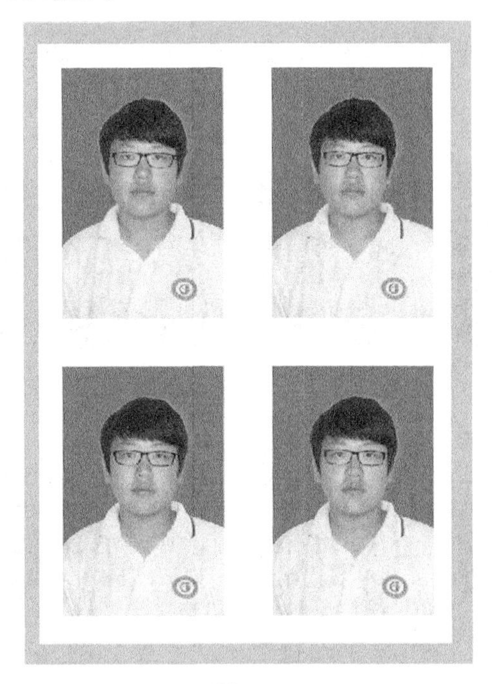

图 1–24

（8）保存文件名为“证件照.psd”。

新知解析

（一）定义图案

在 Photoshop 中，用矩形选框工具选取一块区域，然后通过【编辑】菜单中的【定义图案】就会出现设定对话框，可输入图案的名称，确定后图案就存储了。需要注意的是：必须用矩形选框工具选取，并且不能带有羽化（无论是选取前还是选取后），否则定义图案的功能就无法使用。另外，如果不创建选区直接定义图案，将把整幅图像作为图案。

（二）证件照的常见尺寸

照片规格	（厘米）	(像素)	数码相机类型
1英寸	2.5×3.5	413×295	
身份证大头照	3.3×2.2	390×260	
2英寸	3.5×5.3	626×413	
小2英寸（护照）	4.8×3.3	567×390	
5英寸	5×3.5	12.7×8.9	1200×840以上 100万像素
6英寸	6×4	15.2×10.2	1440×960以上 130万像素

任务拓展

打开配套光盘中的“项目一\素材\人物 2.jpg”，调整照片的背景色，制作一张 5 英寸大小的 1 版 1 寸照片，如图 1-25 所示。

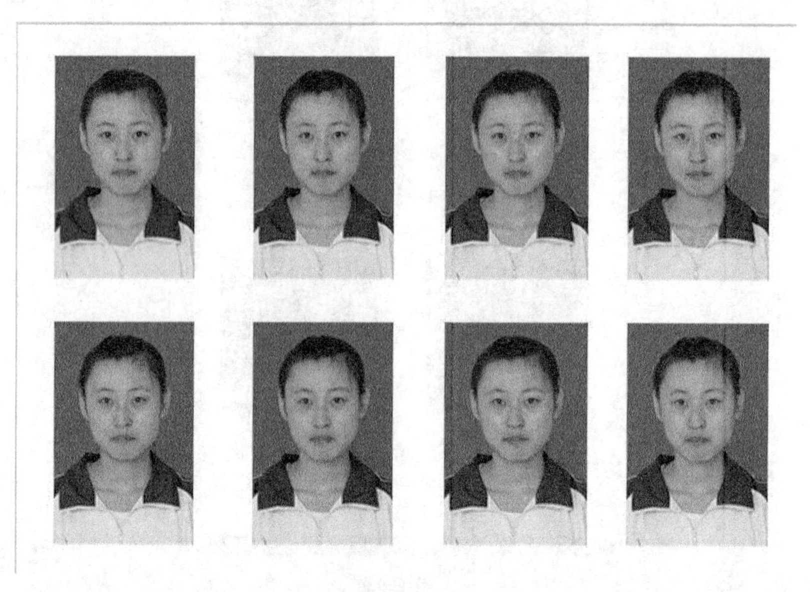

图 1-25

项目评价反馈表

技能名称	分　值	评分要点	学生自评	小组互评	教师评价
照片的大小、分辨率	1	方法正确			
照片背景的修改	2	图片处理精美			
图案的使用	2	图案大小合适			
项目总体评价					

项目二　制作易拉宝

【岗位设定】

具备一定美术设计和版面编排能力的平面设计师

【项目描述】

设计内容：动漫社宣传易拉宝。

客户要求：校学生社团成立了“汇众动漫社”，需要制作一份用于宣传的易拉宝，成品尺寸为 200 cm × 90cm。要求：图文并茂，突出专业特点，有宣传亮点，能吸引同学积极参与，起到宣传推广的作用。

最终效果如图 2-1 所示。

图 2-1

任务一 设计易拉宝背景

任务描述

本任务主要是“动漫社宣传”易拉宝的背景设计。使学生初步了解易拉宝的知识、色彩的构成、色彩调节工具的使用，了解不同色彩的使用环境。要求：整个画面大方简洁，色彩搭配简单、和谐。

本任务完成后的最终效果如图 2-2 所示。

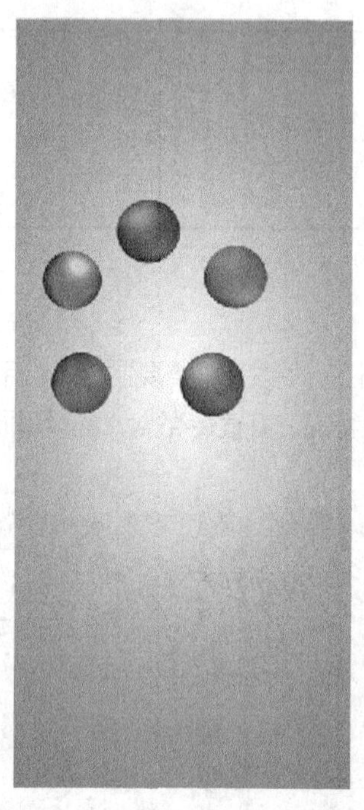

图 2-2

任务分析

（1）了解易拉宝制作工艺，并能合理安排版面进行设计。

（2）了解色彩理论三元素，认识色相盘及色彩的应用。

（3）了解不同色彩模式的使用环境。

（4）熟练掌握 Photoshop 填充工具的使用。

任务实施

（1）新建文件。按【Ctrl+N】组合键新建一个文件，文件名为：“汇众动漫社.psd”，设置大小为 200cm × 90cm，分辨率为 72 像素/英寸，色彩模式为 CMYK，其他值默认，如图 2-3 所示。

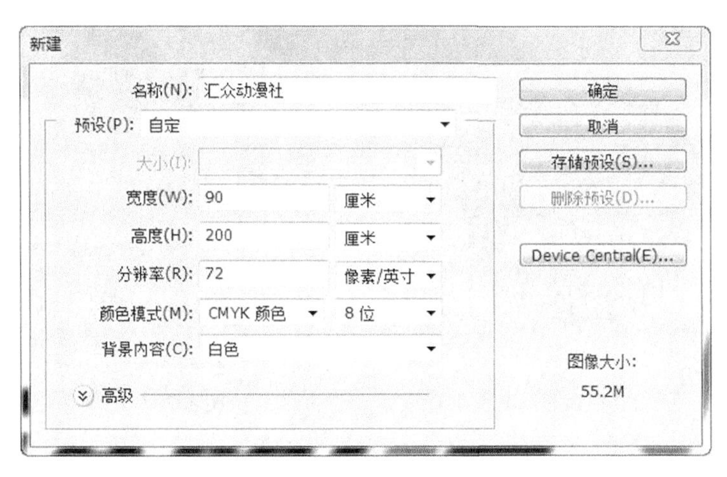

图 2–3

操作提示 颜色模式使用“CMYK”；分辨率相对印刷来说要求较小，只要图像清晰即可，一般选择 70 ~ 150 像素/英寸；易拉宝不需要做出血。

（2）填充背景色。使用【渐变工具】单击【点按可编辑渐变】，打开【渐变编辑器】设置渐变色为（115，146，169）、（255，255，255），如图 2-4 所示。使用【径向填充】，在图像中心按下鼠标向外拖动至图像边界画一条直线，为背景由内向外填充渐变。

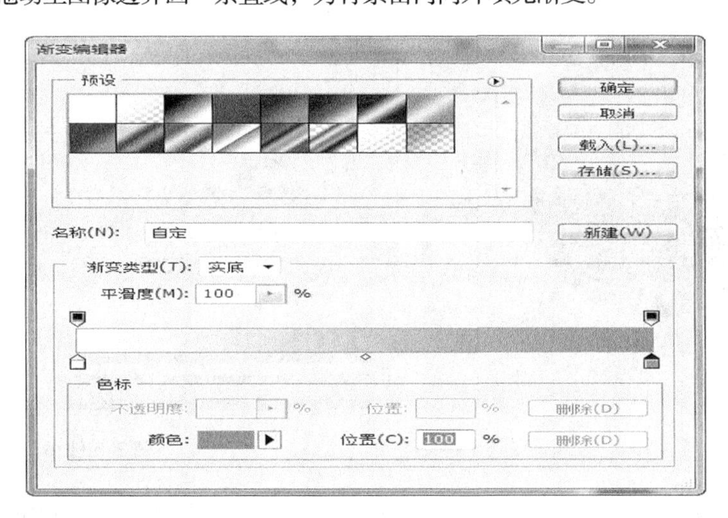

图 2–4

操作提示 径向渐变是以圆形图案从起点（鼠标单击的第一个点）渐变填充到终点（拖动鼠标终止的点），起点到终点的直线长短决定了填充的效果。

（3）制作彩球效果。使用【椭圆选框工具】，创建正圆选区，并用【渐变工具】设置渐变色为（246，166，183）、（229，125，170）、（167，60，132）、（152，35，118）、（99，21，77），如图 2-5（a）所示，使用【径向填充】给选区由内向外填充渐变，如图 2-5（b）所示。

图 2–5（a）

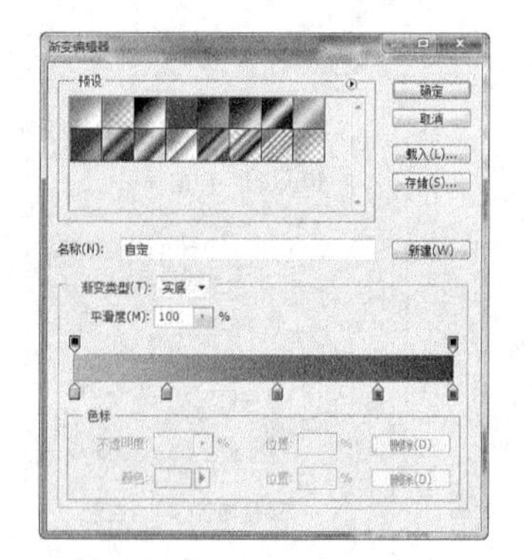

图 2–5（b）

操作提示 创建正圆选区要按住【Shift 键】；填充时从球的左上部开始画填充线到球的下部，做出光照的效果。

（4）制作彩球下部阴影。使用【椭圆选框工具】在彩球下部合适位置创建羽化值为“50”的椭圆选区，如图 2-6（a）所示。执行【图像】|【调整】|【色相/饱和度】命令，调整设置如图 2-6（b）所示，制作阴影效果。

图 2–6（a）

图 2–6（b）

（5）制作其他彩球。按【Ctrl+T】组合键调整彩球大小，并移动到画布的合适位置，将该图层命名为“紫球”。用同样的方法制作其他 4 个圆球，效果如图 2-2 所示，图层如图 2-7 所示。

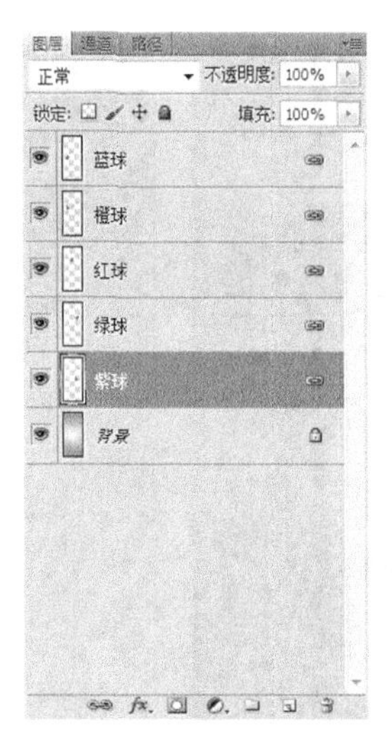

图 2–7

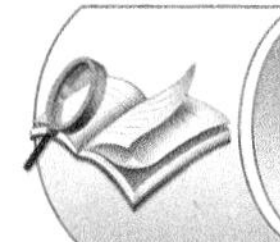

操作提示 对象大小的调整有多种方法:【Ctrl+T】组合键;【编辑】|【自由变换】;选择【移动工具】勾选属性中的“显示变换控件”显示变换控件等,均可用以变换对象大小,调整对象旋转角度等。

新知解析

一、“易拉宝”概述

“易拉宝”又叫“易拉得”或者“易拉架”,属于树立式宣传海报,是做活动时用的一种广告宣传品,常在一些展会、产品发布会、会议室、人流量大的街头通道、路边推销活动、临时摊位等场合使用。它方便携带,宣传效果好,是使用频率最高,也是最常见的便携展具之一。

易拉宝由画面和支架两个部分组成。画面是商家需要展览、展示的部分,而支架就是一个承载展览、展示画面的器材,如图 2-8 所示。

图 2–8

图 2-9 所示为两个易拉宝的画面。

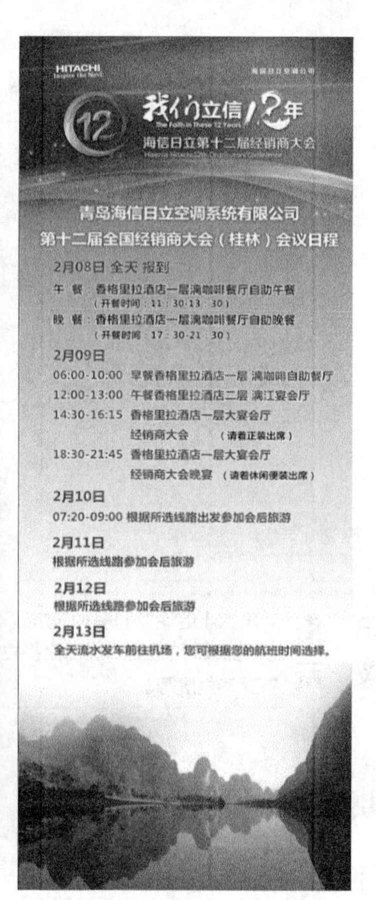

图 2–9

（一）分类

按照易拉宝产品的具体类型和属性，将展示架归纳为常规展示架和异形展示架（非常规展示架）。

（1）常规展示架：有行业内常用的尺寸约定，必须按照其规定尺寸设计和制作画面。便于支架和画面的组合安装。支架使用的型材是事先开模成型的，常用的有铝合金和 RP 材料（塑钢）。主要有：X 型展示架、H 型展示架、L 型展示架等。

H 型展示架：成品的骨架是一个横着的“H”型。画面制作工艺为写真或者丝印。

X 型展示架：其支撑画面骨架从侧面看是“X”形。画面制作工艺为写真或者丝印，如果制作数量巨大就可以选择丝印画面，这样画面效果更为逼真，更富有质感，画面颜色与先前设计原稿的偏差极小。

L 型展示架：其支撑画面骨架从侧面看是“L”形。画面制作工艺为写真或者丝印，与 X 型展示架相同，如果制作数量巨大也可以选择丝印画面。

（2）异形展示架：非常规、没有固定的标准尺寸约束，也就是经常由客户按自身需求定做的产品。

（二）主要特点

合金材料，造型简练，造价便宜；轻巧便携，方便运输、携带、存放；安装简易，操作方便；经济实用，可多次更换画面。

（三）规格尺寸

宽 60cm×高 160cm；宽 80cm×高 180cm；宽 80cm×高 200cm；宽 85cm×高 200cm；宽 90cm×高 200cm；宽 100cm×高 200cm；宽 120cm×高 200cm。

另外，可以根据自己的需求向广告公司或者制作商定做。

（四）画面设计的原则

画面设计应该从企业自身的性质、文化、理念和地域等方面出发，来体现企业精神、传播企业文化、向受众群体传播信息。应用恰当的创意和表现形式来展示企业的魅力，这样画面才能为消费者留下深刻的印象，加深对企业的了解。在创意的过程中，依据不同的内容、不同的诉求、不同的主题特征，进行优势整合，统筹规划，通过采用美学的点、线、面，既统一又有变化的视觉语言，高质量的插图，配以策划的文字，能够全方位地展示企业的文化、理念和品牌形象。

二、颜色概述

（一）色彩的基本属性

人的视觉能分辨颜色的 3 种性质，即明度、色相、纯度的变化。明度、色相、纯度称为色彩的 3 属性或 3 要素。

1. 明度

明度是指色彩的明暗程度，也称深浅度，是表现色彩层次感的基础。

对光源色而言称光度，对物体表面色称明度或亮度。用黑色颜料调和白色颜料，随分量的比例递增，可以制作出等差渐变的“明度序列”，即无彩色系，如图 2-10 所示。

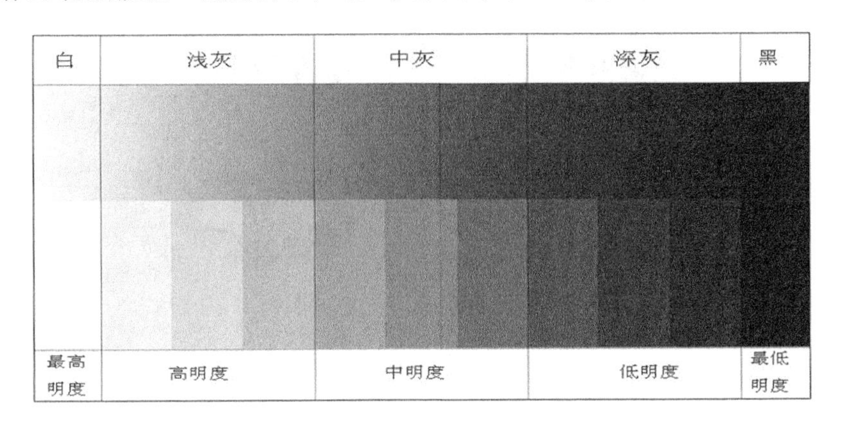

图 2-10

在无彩色系中，白色明度最高，黑色明度最低。在黑白之间存在一系列灰色，靠近白的部分称为明灰色，靠近黑的部分称为暗灰色。

在有彩色系中，黄色明度最高，紫色明度最低。任何一个有彩色，当它掺入白色时，明度提高，当它掺入黑色时，明度降低，同时其纯度也相应降低。

颜色不同，明度也有差异。从色相环中可以看出黄色最亮，即明度最高；紫色最暗，即明度最低。把色相环的色相属性去掉，只留出明度属性，就能直接地体会到色彩之间的明度差异，如图 2-11 所示。

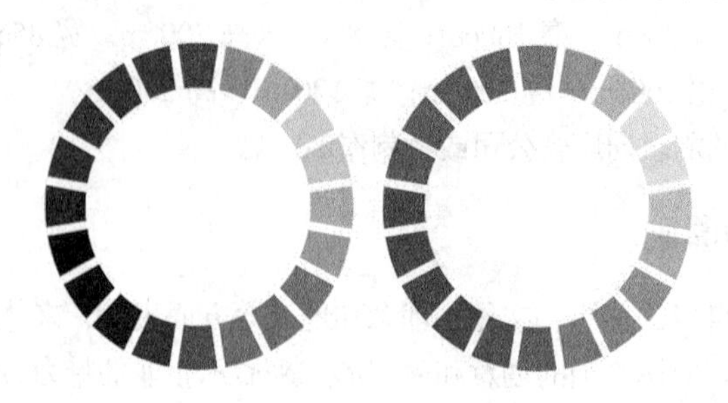

图 2-11

在无彩色系里只有明度变化，没有色相和纯度变化，因此无彩色领域比彩色领域的明度对比层次更加清晰。明度还与光源的强度有关，同一颜色，强光下明度高，弱光下明度低。明度的变化也叫色阶的变化。

注 意 黑、白、灰不具备色相属性，属于无彩色系统。也就是说，黑、白、灰不是色彩。

2. 色相

色相是指色彩的相貌，也就是色别，是区分色彩的主要依据。从光、色角度来看，色相差别是由光波波长的长短不同产生的。色彩的面貌以红、橙、黄、绿、青、蓝、紫的光谱为基本色相，并形成一种秩序。这种秩序是以色相环形式体现的，称为纯色色环。

在色相环（见图 2-12）中，相距 30° 左右的颜色称为同类色，相距 50° 左右的颜色称为类似色，相距 90° ~ 180° 的颜色称为对比色或互补色，如图 2-13 所示。

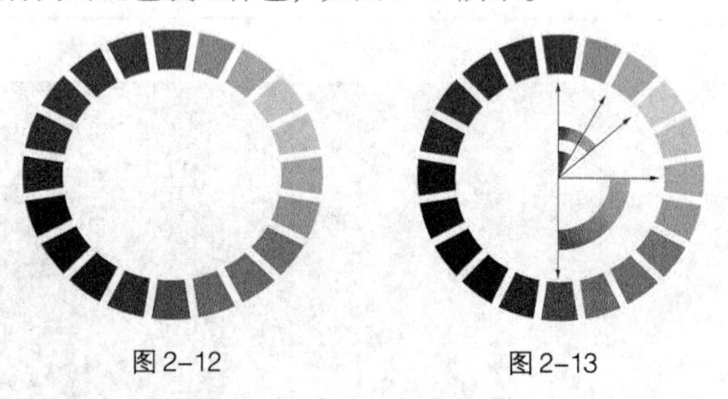

图 2-12　　图 2-13

3. 纯度

纯度是人对色彩感觉的一种特征，即色彩的饱和度或色彩的鲜艳度，也叫作彩度。

色彩中，红、橙、黄、绿、青、蓝、紫等基本色相纯度最高，黑、白、灰等纯度等于零。一个色相加白色后所得的明色与加黑色后得到的暗色，都称为“清色”。在一个纯度色相中，如果同时加入白色与黑色得到的灰色，称为“浊色”。

需要注意的是，色相的纯度、明度不成正比，纯度高不等于明度高。一块颜色加白被增亮的同时，其色彩纯度被降低，加黑变暗的同时也降低纯度。所以，色彩纯度与明度有直接的关系。另外，用任何纯色与同级明度的无彩灰混合，按比例递增，可构成“彩度序列”，如图 2-14 所示。

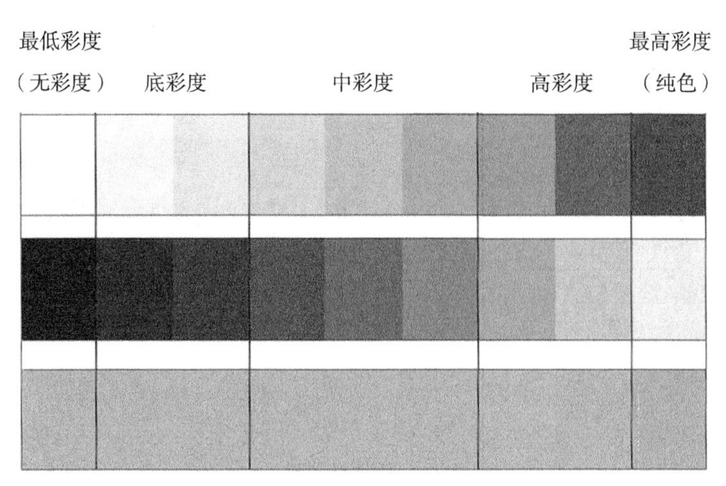

图 2-14

纯度的变化可通过三原色互混产生，也可以通过加白、加黑、加灰产生，还可以补色相混产生。凡有纯度的色彩必有相应的色相感。色相感越明确、纯净，其色彩纯度越纯，反之则越灰。纯度较低，色彩相对也较柔和，适合于生活妆；纯度很高的色彩应慎用。

3 属性中的任何一个要素的改变都将影响原色彩的面貌和性质。可以说色彩 3 属性在具体的艺术创作中，是同时存在、不可分割的整体。因此，在设计中表现色彩时，必须对色彩的 3 个特征同时加以考虑和运用。

（二）色彩模式

常用的颜色模式有 8 种：位图模式、灰度模式、双色调模式、索引颜色模式、RGB 颜色模式、CMYK 颜色模式、Lab 颜色模式和多通道模式。

1. 位图模式

位图模式只包含黑、白两种颜色，所以其图像也叫黑白图像或一位图像。由于位图模式只有黑白色表示图像的像素，在进行图像模式转换时会失去大量的细节，因此，Photoshop 提供了几种算法来模拟图像中失去的细节。只有灰度模式的图像可以转换为位图模式，所以一般的彩色图像需要先转换为灰度模式后再转换为位图模式，在转换成位图模式时会出现如图 2-15 所示的“位图”对话框。

其中的各项含义如下。

（1）分辨率：用来显示当前图像的分辨率与设定转换成位图后的分辨率。

输　入：指的是当前打开图像的分辨率。

输　出：用来设置转换成位图模式后的分辨率大小。

（2）方法：用来设定转换成位图时的 5 种减色方法。

50%阈值：将大于 50%的灰度像素全部转化为黑色，将小于 50%的灰度像素全部转化为白色。

图案仿色：此方法可以使用图形来处理要转换成位图模式的图像。

扩散仿色：将大于 50%的灰度像素转换成黑色，将小于 50%的灰度像素转换成白色。由于转换过程中的误差，会使图像出现颗粒的纹理。

半调网屏：选择此项转换位图时单击“确定”按钮，会弹出如图 2-16 所示的对话框，在其中可以设置频率、角度和形状。

自定图案：可以选择自定义的图案作为处理位图的减色效果。选择该项时，下面的“自定义图案”选项会被激活，在其中选择相应的图案即可。

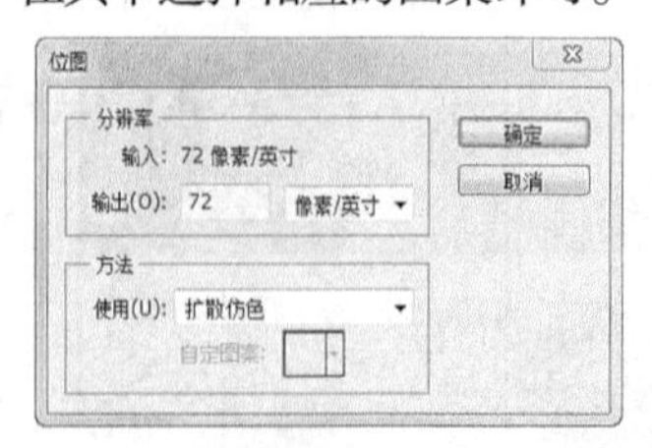

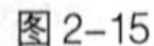
图 2-15

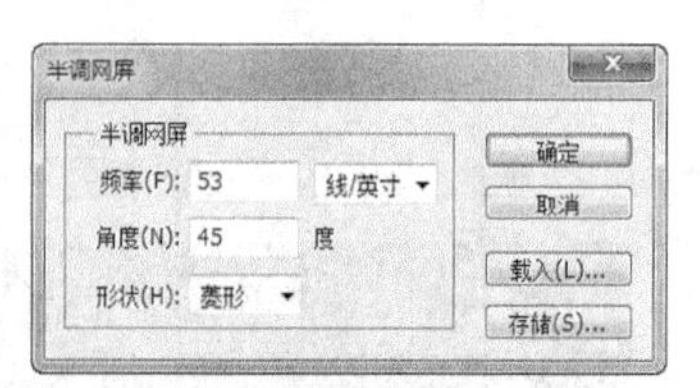

图 2-16

2. 灰度模式

灰度模式只存在灰度，包含纯白、纯黑的一系列从黑到白的灰色，不包含任何色彩信息。它由 0 ~ 255 个灰阶组成，当一个彩色图像转换为灰度模式时，图像中的色相及饱和度等有关色彩信息将被消除掉，只留下亮度。亮度是唯一影响灰度图像的因素。当灰度值为 0（最小值）时，生成的颜色是黑色；当灰度值为 255（最大值）时，生成的颜色是白色。

在宽、高和分辨率相同的情况下，位图模式的图像尺寸最小，约为灰度模式的 1/7，为 RGB 模式的 1/22。

3. RGB 颜色模式

RGB 颜色模式是 Photoshop 软件最常用的颜色模式，是通过红（R）、绿（G）、蓝（B）3 种原色光混合的方式来显示颜色的。每个 RGB 分量的强度值为 0（黑色）到 255（白色）。当图像中某像素的 R、G、B 值都为 0 时，像素颜色为纯黑色；R、G、B 值都为 255 时，像素颜色为纯白色；R、G、B 值相等时，像素颜色为灰色。该模式可以呈现 1670 万种颜色（256×256×256）。在 RGB 模式下可以使用所有 Photoshop 工具和命令，而其他模式会受到限制。

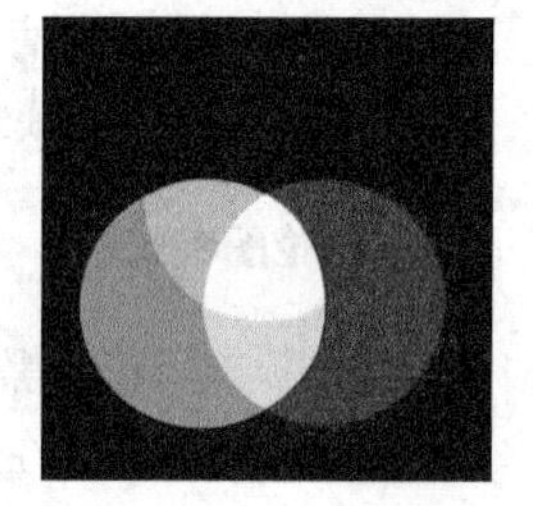
图 2-17

当彩色图像中的 RGB 3 种颜色中的两种颜色叠加到一起后会自动显示出其他的颜色，3 种颜色叠加后产生纯白色，如图 2-17 所示的 RGB 色谱。

选择不同转换方法后，会得到不同的效果图，图 2-18、图 2-19 和图 2-20 分别为 RGB 模式的原图、灰度模式和位图模式转换后的效果。

图 2-18　　图 2-19　　图 2-20

注　意　要将彩色图像转换为黑白（位图）模式时，必须先将其转换为灰度模式。同理，要将黑白图像变为彩色图像，也必须先将其转换为灰度模式，然后再转换为彩色模式。

4. 双色调模式

它与灰度模式类似，但是它可以通过混合多种颜色来增加灰度图像的色调范围，从而使灰度图像呈现某种颜色倾向。只有灰度模式的图像才能转换为双色调模式。

5. 索引颜色模式

使用 256 种或更少的颜色替代全彩图像中上百万种颜色的过程叫作索引。索引颜色模式图像最多包含 256 种颜色。在这种颜色模式下，图像中的颜色均取自一个 256 色颜色表。当转换为索引颜色时，Photoshop 将构建一个颜色查找表，用以存放并索引图像中的颜色。如果原图像中的某种颜色没有出现在该表中，则程序将选取最接近的一种，或使用仿色以现有颜色来模拟该颜色，所以索引颜色模式的图像只可当作特殊效果及专用，而不能用于常规的印刷中。索引色彩也称为映射色彩，索引模式的图像只能通过间接方式创建，而不能直接获得。

注 意 灰度模式与双色调模式可以直接转换成索引模式；RGB 模式转换成索引模式时会弹出“索引颜色”对话框，设置相应参数后才能转换成索引模式。转换为索引模式后，图像会丢失一部分颜色信息，转换为 RGB 模式后，丢失的信息不会复原。

尽管其调色板很有限，但索引颜色能够在保持多媒体演示文稿、Web 页等所需的视觉品质的同时，减小文件大小。

6. CMYK 颜色模式

CMYK 模式主要用于印刷，也称为印刷色，是目前常用的 4 色印刷色。只有制作要用印刷色打印的图像时，才使用该模式。其图像颜色由青（C）、洋红（M）、黄（Y）、黑（K）4 种颜色混合而成的。在这种颜色模式下，可以为每个像素的每种印刷油墨指定一个百分比值。为较亮（高光）颜色指定的印刷油墨颜色百分比较低，而为较暗（阴影）颜色指定的印刷油墨颜色百分比较高。

例如，亮红色可能包含 2%青色、93%洋红、90%黄色和 0%黑色。在 CMYK 图像中，当 4 种分量的值均为 0%时，就会产生纯白色。

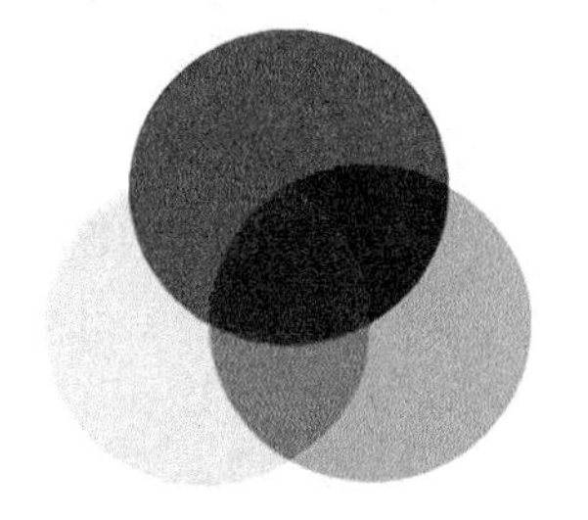

图 2-21

将 RGB 图像转换为 CMYK 即产生分色。原色是不能被其他的颜色混合出来的，是最基本的颜色，称“第一次色”。两种原色产生间色，称“第二次色”。色料红＋黄＝橙，黄＋蓝＝绿，红＋蓝＝紫，橙、绿、紫是色调的三间色。3 种颜色叠加在一起就会显示出黑色，但是此时的黑色不是正黑色，所以在印刷时还要添加一个黑色作为配色。如图 2-21 所示的 CMYK 色谱。

注 意 在 Photoshop 中处理图像时，一般不采用 CMYK 模式，因为该颜色模式下的图像文件占用的存储空间较大，并且 Photoshop 提供的很多滤镜都无法使用。如果制作的图像需要用于打印或印刷，在输出时将图像的模式改为 CMYK 模式。彩色印刷品通常情况下都是用 CMYK 4 种油墨来印刷的。

7. Lab 模式

Lab 模式是 Photoshop 内部的颜色模式，是目前模式中包含色彩范围最广的颜色模式，涵盖了 RGB 和 CMYK 的色域。能毫无偏差地在不同系统和平台之间进行交换。因此，该模式是 Photoshop 在不同颜色模式之间转换时使用的中间颜色模式。L 代表亮度，取值范围 0～100，a 代表由绿色到红色的光谱变化，b 代表由蓝色到黄色的光谱变化，a 和 b 的分量取值范围为-120～120。

8. 多通道模式

多通道模式是一种减色模式，将 RGB 图像转换成该模式后，可以得到青色、洋红和黄色通道。如果删除 RGB、CMYK、Lab 模式的某个颜色通道，图像会自动转换为多通道模式。将图像转换为多通道模式后，系统将根据源文件产生相同数目的新通道，但该模式下的每个通道都为 256 级灰度通道。

RGB、CMYK、Lab 是常用和基本的颜色模式。索引颜色和双色调等是用于特殊色彩输出的颜色模式。

三、色调调整

色调的调整是 Photoshop 主要特色之一，可实现对图像的色相、饱和度、亮度、对比度等的调整，校正图像中色彩不如意的地方。执行【图像】|【调整】命令，弹出色彩调整命令下拉菜单，可以根据需要选择所要的色彩调整方法。

（一）色阶

图像的色彩丰满度和精细度是由色阶决定的。色阶指亮度，与颜色无关，表现了一副图的明暗关系。但最亮的是白色，最不亮的是黑色。

可以执行菜单命令【图像】|【调整】|【色阶】，或使用快捷键【Ctrl+L】打开“色阶”对话框，如图 2-22 所示。色阶表现了一幅图的明暗关系。可以使用“色阶”调整图像的阴影、中间调和高光的强度级别，从而校正图像的色调范围和色彩平衡。

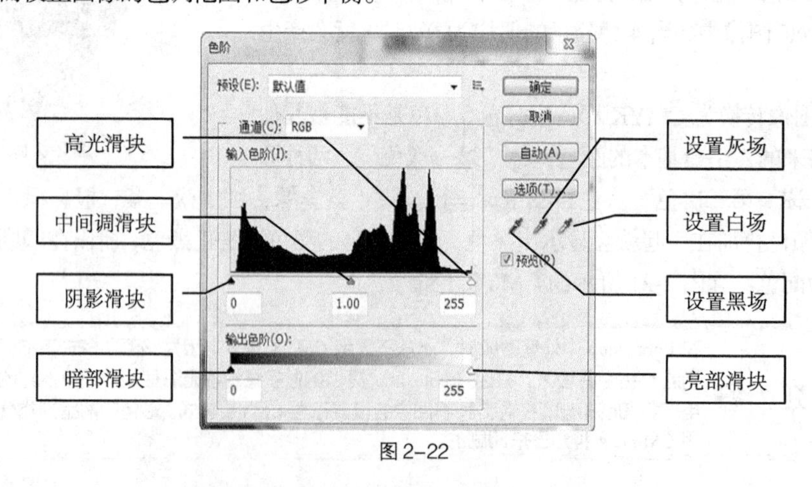

图 2-22

输入色阶：用于显示当前的数值，可用其来增加图像的对比度。

输出色阶：用于显示将要输出的数值，可用其来降低图像的对比度。“亮部”可以使图像中较亮的部分变暗；“暗部”可以使图像中较暗的部分变亮。

设置黑场：用来设置图像中阴影的范围。

设置白场：用来设置图像中最亮色的范围。

设置灰场：用来设置图像中中间调的范围，可以改变图像偏色的问题。

操作提示 设置黑场后，使用光标在黑色区域单击后会恢复图像。设置灰场后在黑色或白色区域单击会恢复图像。设置白场后在白色区域单击会恢复图像。在吸管图标上双击，会弹出相对应的“拾色器”对话框，在对话框中可以选择不同颜色作为最亮或最暗的色调。

应用实例操作步骤如下。

（1）执行【文件】|【打开】命令，打开“项目二\素材\风景照.jpg”，如图 2-23 所示。

（2）执行【图像】|【调整】|【色阶】命令，在“输入色阶”选项区域中设置阴影为 4、中间调为 1.00、高光为 190，其他参数不变，如图 2-24 所示。

（3）单击“确定”按钮，图像的层次感加深，最终效果如图 2-25 所示。

图 2-23

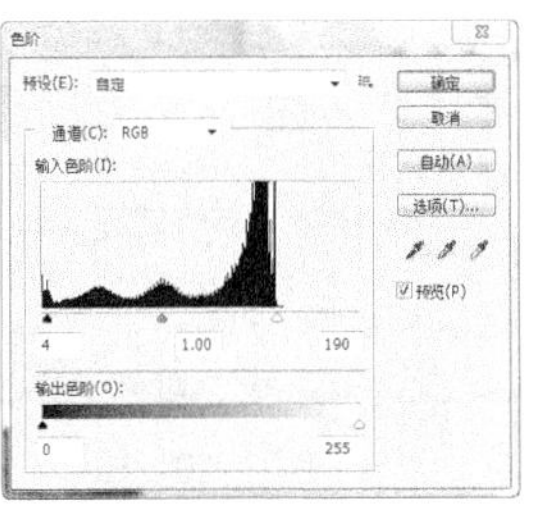

图 2-24

图 2-25

（二）曲线

使用“曲线”命令可以调整图像的色调和颜色。色阶命令只能调整亮部、暗部和中间灰部，而曲线命令可以调整色阶曲线中的任何一点。执行【图像】|【调整】|【曲线】命令，或按【Ctrl+O】组合键，打开曲线对话框如图 2-26 所示。

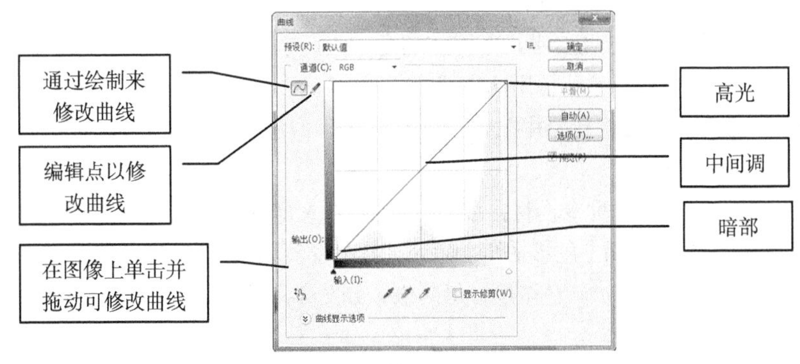

图 2-26

通过绘制来修改曲线：通过在曲线上添加控制点来调整曲线。拖动控制点即可改变曲线形状。

编辑点以修改曲线：可以随意在直方图内绘制曲线，此时平滑按钮被激活，可以用来控制绘制钢笔曲线的平滑度。

高光：拖动曲线图中的控制点可以改变高光。

中间调：拖动曲线中的中间调控制点可以改变图像的中间调，向上弯曲会将图像变亮，向下弯曲会将图像变暗。

在图像上单击并拖动可修改曲线：单击此按钮后，用鼠标指针在图像上单击，会自动按照图像单击像素点的明暗，在曲线上创建调整控制点，按下鼠标在图像上拖动即可调整曲线。

应用实例操作步骤如下。

（1）执行【文件】|【打开】命令，打开“项目二\素材\人物照.jpg”，如图 2-27 所示。

（2）执行【图像】|【调整】|【曲线】命令，单击“通过添加点来调整曲线”，在曲线上拖动控制点，如图 2-28 所示。

（3）单击“确定”按钮，增加颜色浓度，最终效果如图 2-29 所示。

图 2–27

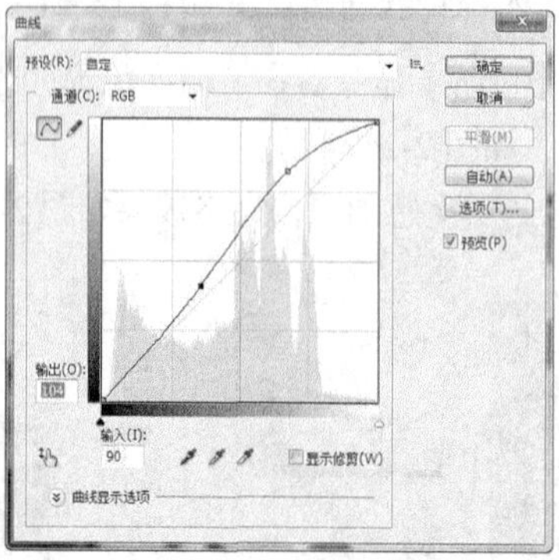

图 2–28

图 2–29

（三）色彩平衡

使用“色彩平衡”命令可以单独对图像的阴影、中间调和高光进行调整，从面调整图像的整体色彩偏向。执行菜单中的【图像】|【调整】|【色彩平衡】命令，会打开图 2-30 所示的对话框。

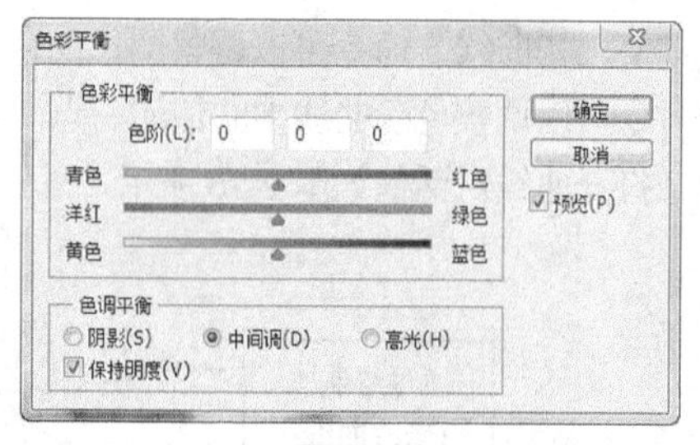

图 2–30

在对话框中，有 3 组相互对应的互补色，分别为青色对红色、洋红对绿色和黄色对蓝色。例如，减少青色，那么就会由红色来补充减少的青色。可用此功能将泛黄的照片恢复到正常的颜色，也可将新照片做成旧照片等。

应用实例操作步骤如下。

（1）执行【文件】|【打开】命令，打开“项目二\素材\人物色彩平衡.jpg”，如图 2-31 所示。

（2）执行【图像】|【调整】|【色彩平衡】命令，修改数值如图 2-32 所示。

（3）单击“确定”按钮，增加颜色浓度，最终效果如图 2-33 所示。

图 2–31

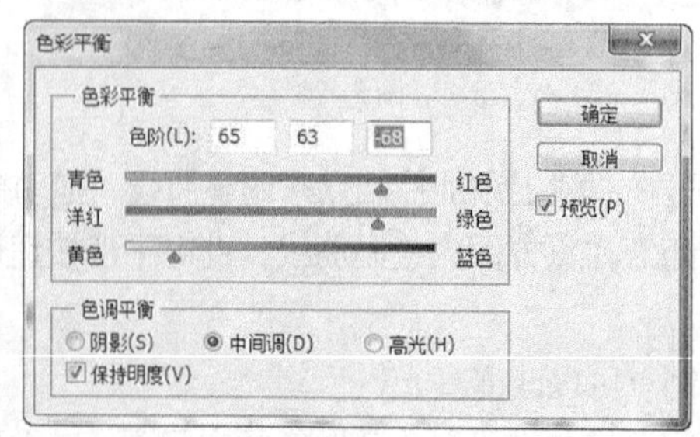

图 2–32

图 2–33

（四）亮度/对比度

使用“亮度/对比度”命令可以对图像的整个色调进行调整，用来调整图像的亮度和对比度。“亮度”指整个画面的明亮程度；“对比度”指的是图像中色彩的反差程度。设定范围在-100～100。执行【图像】|【调整】|【亮度/对比度】命令，打开如图 2-34 所示的对话框。在对话框中拖动“亮度”和“对比度”下方的滑块就可以完成图像的调整。图 2-35 所示为调整“亮度/对比度 ”前后的图像对比。

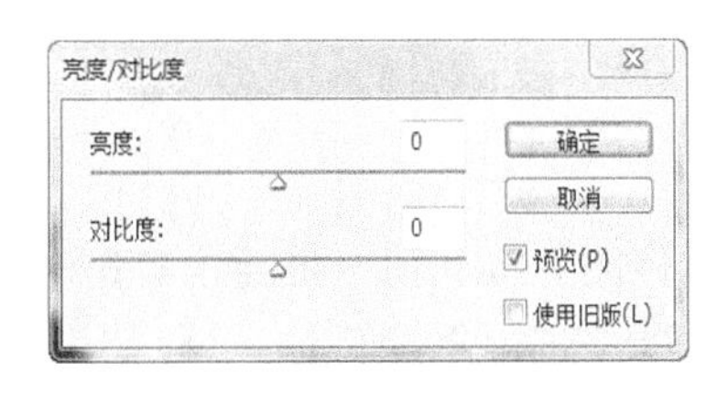

图 2–34

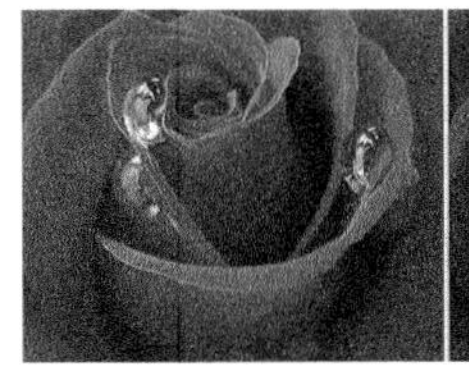

图 2–35

（五）色相与饱和度

使用“色相/饱和度”命令，可以调整整个图片或单个颜色的色相、饱和度和亮度。执行【图像】|【调整】|【色相/饱和度】命令，打开如图 2-36 所示的对话框。

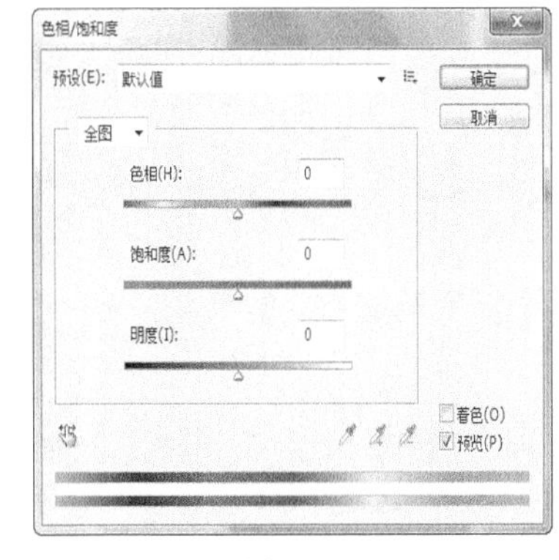

图 2–36

色　相：颜色的相貌，如红色、黄色和蓝色等。在数字框中输入数字或拖动下方的滑块向两边移动可改变图像的颜色。

饱和度：指颜色的鲜艳程度，也就是颜色的统一纯度。同样可以拖动下方的滑块改变数值，从而改变图像的饱和度。当饱和度为–100 时为灰度图像。

明　度：图像的明暗程度。

着　色：勾选该复选框后，只能为全图调整色调，并将彩色图像自动转换成单一色调的图片。

在“色相/饱和度”对话框的“编辑”下拉列表中选择单一颜色后，其他对话框的其他功能将被激活，如图 2-37 所示。

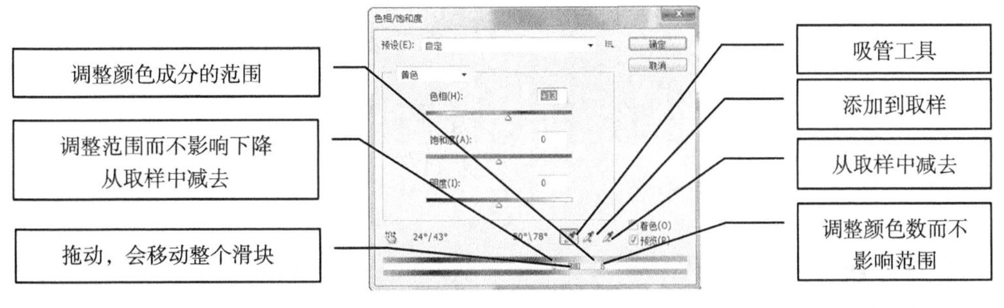

图 2–37

吸管：可以在图像中选择具体编辑色调。

添加到取样：可以在图像中为已选取的色调增加调整范围。

从取样中减去：可以在图像中为已选取的色调减少调整范围。

任务二 为易拉宝加入图文

任务描述

本任务主要是为动漫社宣传易拉宝加入图片及相应的宣传文字，以增加易拉宝的美观和实用性。使学生进一步熟悉选择工具的使用，能选出图片并复制到海报中进行合理布局。学会文字工具的使用，学会应用文字工具和文字图层特效制作出特效文字。突出易拉宝宣传诉求点。本任务最终效果如图 2-38 所示。

图 2-38

任务分析

（1）熟练使用选择工具选取图像。

（2）掌握文字工具的使用，并会给文字图层加特效。

（3）会对图文进行合理布局，突出诉求点。

任务实施

（1）添加“酷龙”图片。执行【文件】|【打开】命令，打开“项目二\素材\酷龙.jpg”，单击【魔棒工具】，在文件的底片处单击，选取背景，执行【选择】|【反向】命令选择酷龙。如图 2-39 所示。执行【编辑】|【拷贝】命令。

选择“汇众动漫社.psd”为当前文件，执行【编辑】|【粘贴】命令，将酷龙图片复制到当前文件中。按【Ctrl+T】组合键调整图片大小，并移动到合适位置，修改图层名称为“酷龙”，并调整图层到彩球图层下方。

（2）添加光晕圈。执行【文件】|【打开】命令，打开“项目二\素材\光圈.jpg”（见图 2-40），用同样的方法将图片复制到“汇众动漫社.psd”文件中，图层命名为“光圈”。并设置图层的混合模式为“滤色”，如图 2-41 所示，并将“光圈”图层移动到彩球图层的下方。

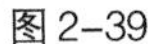

图 2-39

图 2-40

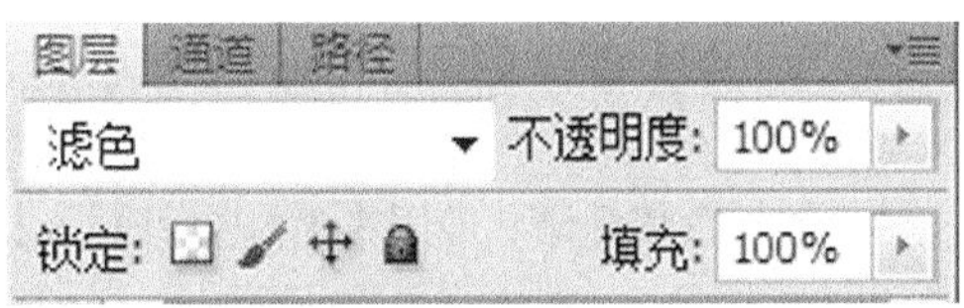

图 2-41

（3）添加光点。执行【文件】|【打开】命令，打开“项目二\素材\光点.jpg”，用与上述（1，2）同样的方法复制图片，图层命名为 “光点”；图层的混合模式为“滤色”。

操作提示 酷龙图层、光圈图层，通过图层的移动放在了彩球的低层，并在彩球上层加入光点图层，以产生酷龙玩转彩球的视觉效果，让图片动感十足。图层的混合模式将在以后项目中讲解。

（4）给彩球加文字。单击【横排文字工具】，设置文字属性如图 2-42 所示，在图像需要的位置单击鼠标，直接输入“成功就业”，按【Enter】键换行。

图 2-42

操作提示 自动生成的文字图层以大写字母“T”显示，并且会自动按照输入的文字命名该文字图层。当需要修改文字时，可以双击“T”图标，或用文字工具选中某一个或多个文字进行修改。直接输入的方法输入文本时必须按【Enter】键才能实现换行。

（5）设置文字图层特效。单击图层面板【添加图层样式】，设置如图 2-43 所示，为图层添加阴影样式。按【Ctrl+T】组合键，拖动控制柄旋转对象到合适位置。

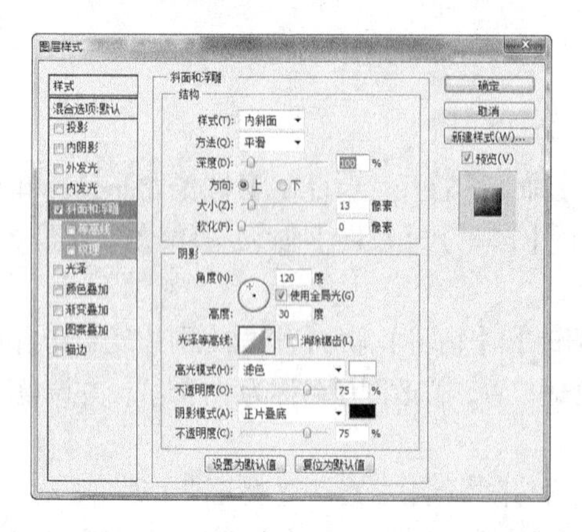

图 2-43

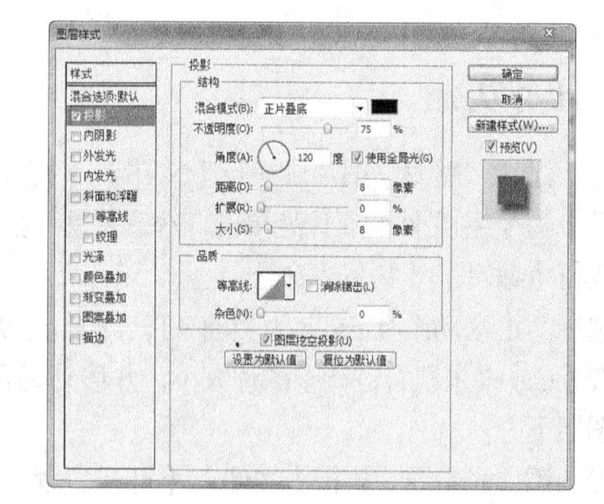

图 2-44

操作提示 一个图层可同时选择多个样式，单击样式选项使其变蓝，可调整样式的作用程度，也可在设置的同时，观察图像的变化随时调整。如果对之前的样式不满意，可在fx.符号或图层上双击，打开图层样式重新编辑。如果你想查看图层的样式效果，可按下fx.符号右边的三角按钮，此时就会显示出这个图层图像用到的所有样式效果。

（6）在其他彩球上添加文字。用与（3）~（4）同样的方法在其他彩球上添加如图 2-38 所示的宣传文字。

（7）添加宣传标语。使用【横排文字工具】T，设置文字属性如图 2-45 所示，在易拉宝上方需要的位置单击鼠标，直接输入“动漫游戏人才成长模型，实现与企业岗位无缝链接”，并添加图层样式（见图 2-44）。

T 微软雅黑 Bold 100 点 aa 无

图 2-45

（8）添加其他文字。用与上述步骤（7）同样的方法输入其他宣传文字，并选择合适大小、颜色、调整到合适的位置，如下所示。

“汇众职业教育系统 2012” （华方仿宋，100 点）

“Gamefe Vocational Education System 2012” （Gautami，Regular，110 点）

“动漫专业经多年的教学经验积累，结合 GAMFE-VE2012 新课程体系，已经形成了一套完整的教学模式，为学生提供了优质的教学服务，现应全校师生的要求成立‘汇众动漫社’吸收全校热爱动漫的同学加入社团，我们会给您积累更多的项目开发经验，挑战企业的高端职位！”(微软雅黑，Regular，80 点)

“致力于每一位学生成功！发挥动漫专业特长，培养学生学习兴趣” (微软雅黑，Regular，80 点)

操作提示 本例中并没有给所有文字都添加图层样式，是为了图片整体不要显得太呆板。不同的文字建立不同的图层，以便于进行独立的编辑。各文字图层在整体图片中的位置排列要突出易拉宝宣传的诉求点。

新知解析

文字工具

用 Photoshop 创作平面作品时，文字是不可或缺的一部分，它不仅可以使大众快速了解作品所呈现出的主题，还在整个作品中充当重要的修饰作用。单击文字工具出现图 2-46 所示的 4 种工具。

图 2-46

（一）横排文字工具

可以在水平方向上创建文字，并新建文字图层，是使用最多的文字输入工具。

1. 方法

（1）在需要输入文字的地方单击鼠标，输入所需文字，必须按【Enter】键才能实现换行。

（2）直接在图像上拖曳出一个文字框，在文字框中输入文字，不用按【Enter】键可自动换行。当文字框右下角的控制点变为小方块时，表明文字全部显示，如图 2-47 所示。呈“田”字型时表明文字没有全部显示，如图 2-48 所示，拖动控制点放大文字框，可将隐藏的文字全部显示出来。

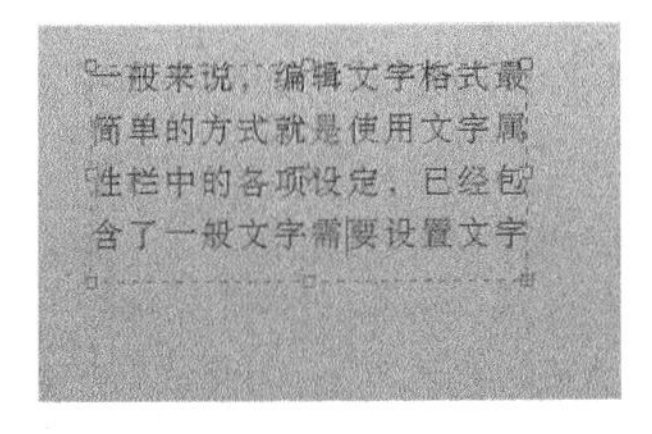

图 2-47

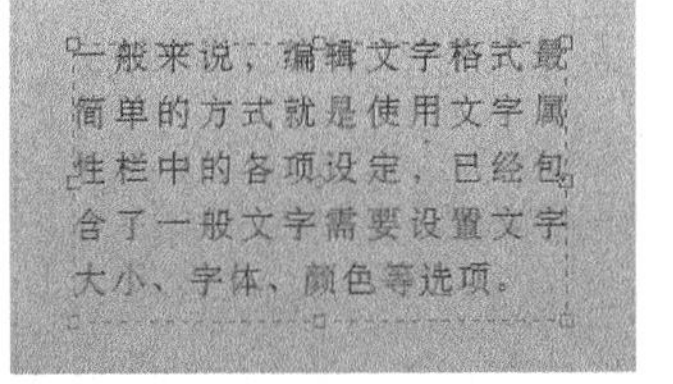

图 2-48

2. 编辑

通过控制点可以对文字框进行大小、倾斜和旋转等调节。按【Ctrl】键同时拖曳边线中心控制点可以使文字框倾斜，如图 2-49 所示；将光标放在边角控制点变成双向弯箭头时拖动可实现旋转，如图 2-50 所示。

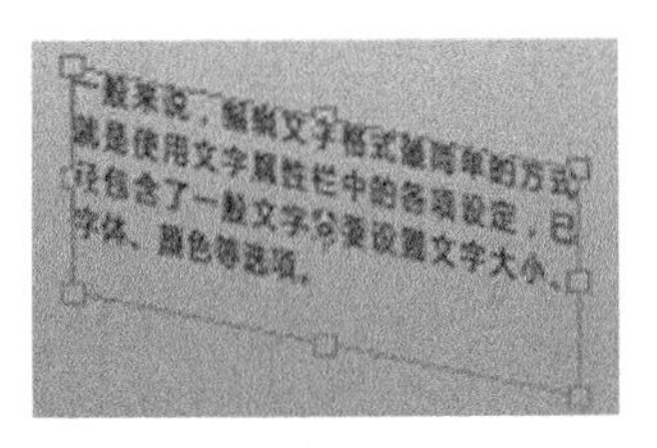

图 2-49

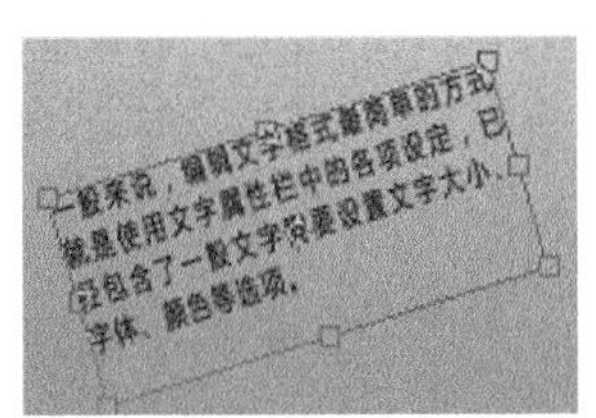

图 2-50

编辑文字格式最简单的方式就是选取需要编辑的文字，使用属性栏的各项设定来编辑文字格式。文字属性栏中包含设置文字大小、字体和颜色等选项，如图 2-51 所示。

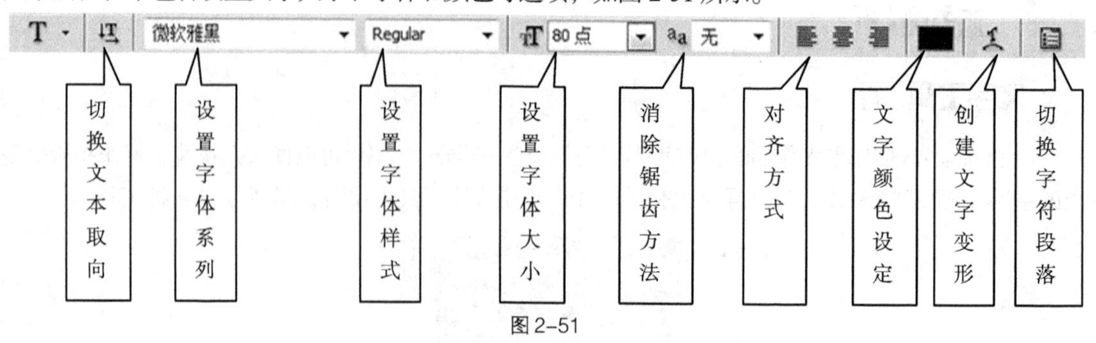

图 2-51

切换文本取向：单击此按钮可将输入的文字在水平与垂直之间转换。

设置字体系列：在下拉列表中可以选择输入文字的字体。

设置字体样式：选择不同字体时会在该列表中出现该文字对应的不同字体样式。

例如，选择“Bell MT”字体时，“样式”列表中出现 3 种该文字字体所对应的样式，如图 2-52 所示。

Photoshop Regular样式　*Photoshop Italic样式*　**Photoshop Bold样式**

图 2-52

设置字体大小：用来设置输入文字的大小。可以在下拉列表中选择，也可以直接在文本框中输入数值。

设置消除锯齿：通过部分填充边缘像素来产生边缘平滑的文字。只对当前输入的整个文字起作用，不能对单个字符起作用。

对齐方式：用来设置输入文字的对齐方式。包括左对齐、居中对齐、右对齐 3 项。

文字颜色：用来控制输入文字的颜色。

文字变形：输入文字后单击该按钮，即可在弹出的“文字变形”对话框中进行文字变形，如图 2-53 所示。

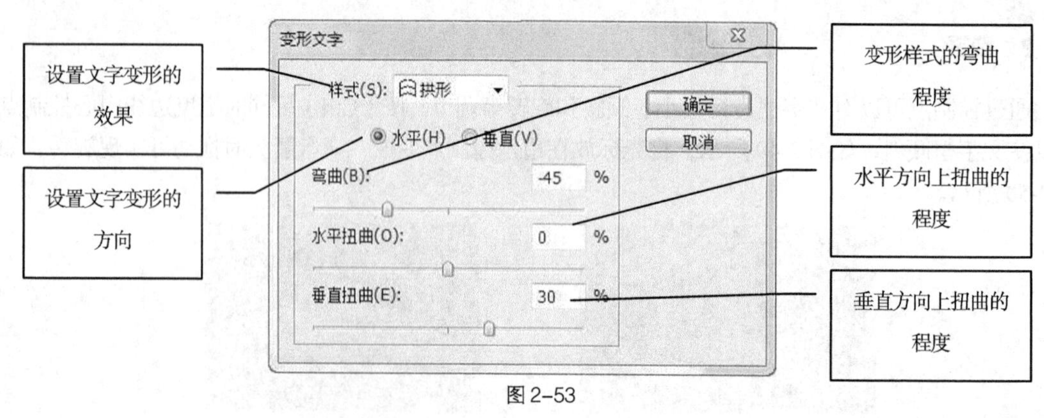

图 2-53

应用实例操作步骤如下。

（1）执行【文件】|【打开】命令，打开“项目二\素材\时装背景.jpg”，使用【横排文字工具】，选择“华文新魏”、“80 点”输入绿色文字“随风舞动的春天”。

（2）单击【变形文字】按钮，参数设置如图 2-53 所示。单击【确定】按钮，效果如图 2-54 所示。

（3）执行【窗口】|【样式】命令，打开样式调板，选择“基本投影”，应用样式后，选择【移动工具】，按住【Alt】键，再单击键盘上的向上键 18 次，此时会自动复制 18 个文字副本，如图 2-55 所示。

图 2-54　　　　图 2-55

（4）按住【Shift】键，将文字图层及其副本一同选取，按【Ctrl+E】组合键将其合并。

（5）拖动背景图层到【创建新图层】按钮上，得到“背景副本”图层，再设置“混合模式”为“正片叠底”，效果如图 2-56 所示。

（6）执行【图层】|【拼合图像】命令，再执行【图像】|【调整】|【亮度/对比度】命令，打开“亮度/对比度”对话框，设置“亮度”为“59”，对比度为“0”。单击【确定】按钮，最终效果如图 2-57 所示。

图 2-56

图 2-57

切换字符和段落面板：对文字进行复杂的格式设置，在字符和段落面板间切换。字符面板如图 2-58 所示，段落面板如图 2-59 所示。

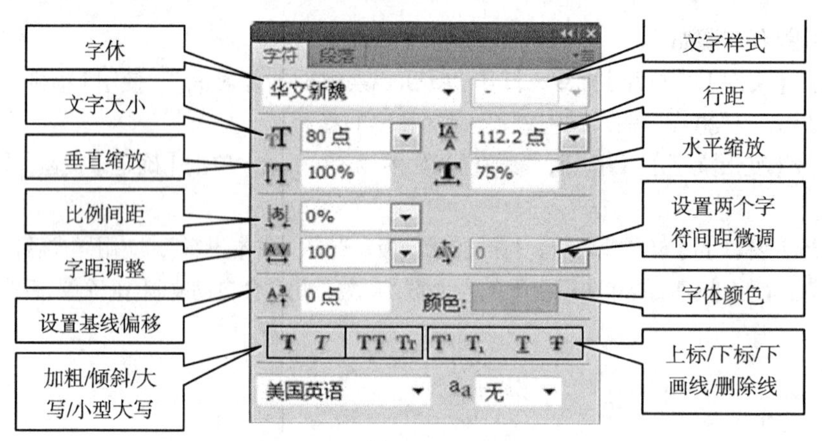

图 2-58

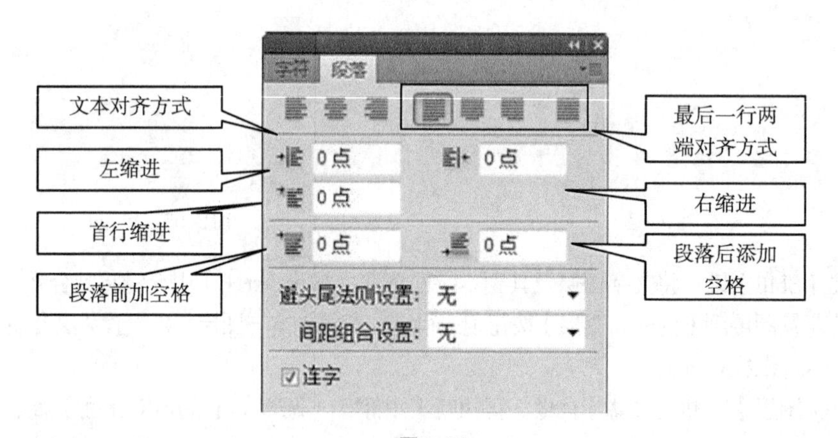

图 2-59

（二）直排文字工具

可以在垂直方向上创建文字，并新建文字图层。直排文字工具除了输入的文本是竖排的以外，其他所有格式的设置及使用与横排文字工具一样。

（三）横排文字蒙版工具

可以在水平方向上创建文字选区，该工具的使用方法与横排文字工具相同。

（四）直排文字蒙版工具

可以在垂直方向上创建文字选区，该工具的使用方法与直排文字工具相同。

操作提示 使用横排文字蒙版工具或直排文字蒙版工具创建选区时，选项栏的设置只有在输入文字时才起作用，变为选区后就不再起作用了，创建的选区可以填充前景色、背景色、渐变色或图案。

注意 在操作过程中会发现，有些针对图像的命令或功能不能对文字层起作用，此时就需要将文字层转化为一般的图像层，执行【图层】|【栅格化】|【文字】命令，文字层转换为图像层，原来文字层中的“T”图标也消失了。同时，文字诸多格式功能也不再对其起作用。

任务三 为易拉宝添加标题和 LOGO

任务描述

本任务要为动漫社宣传易拉宝加入 LOGO，使学生进一步熟悉和掌握钢笔工具的应用技法。会灵活使用钢笔工具和文字工具制作特效字，为易拉宝制作 LOGO。最终效果如图 2-60 所示。

图 2-60

任务分析

（1）熟练使用钢笔工具制作路径，在路径上加文字。

（2）进一步使用钢笔和文字工具制作特效字，为易拉宝制作 LOGO。

（3）进一步熟悉色彩工具的使用。

任务实施

（1）制作标题路径字。执行【文件】|【打开】命令，打开“项目二\源文件\汇众动漫社.psd”。单击【横排文字工具】T，在标题位置输入“GAMFE VE2012”，字体“Segoe UI”，字号“200”。执行

【图层】|【文字】|【创建工作路径】命令，在图层面板中将原文字层删除。使用【钢笔工具】和【直接选择工具】调整路径为如图 2-61 所示效果。

图 2-61

（2）填充子路径。新建图层命名为“标题”，使用【直接选择工具】选取单个路径（图 2-62（a）），在路径面板单击鼠标右键选择【填充子路径】（图 2-62（b）），在填充子路径对话选择颜色（0，0，0），给路径填充颜色。

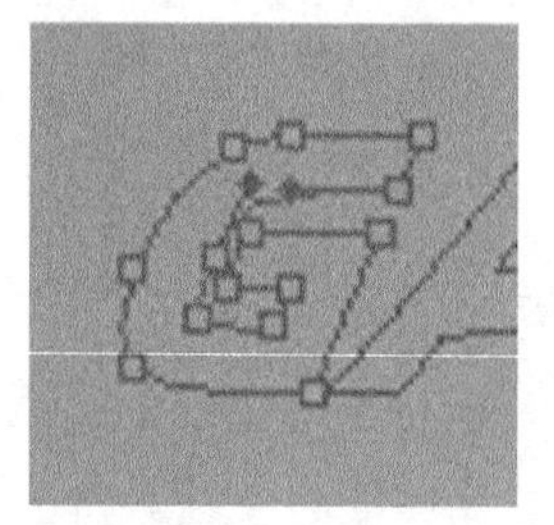

图 2-62（a）

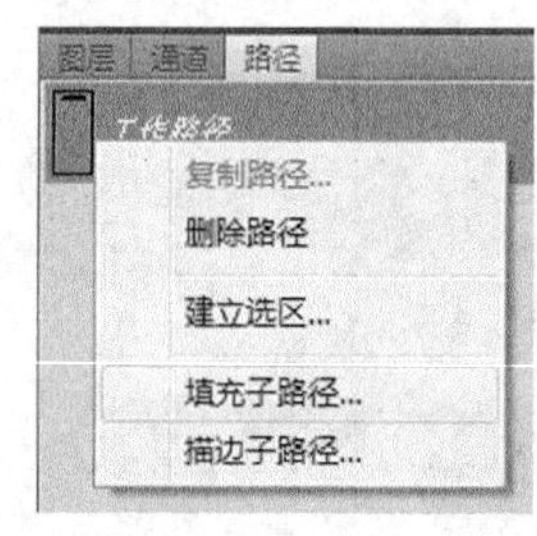

图 2-62（b）

图 2-62（c）

（3）填充渐变色。选取下列子路径，按【将路径作为选区载入】，将路径变为选区，按【渐变工具】，单击【点按可编辑渐变】，选择线性渐变，颜色为（236，158，49）、（217，39，40），给选区填充渐变。

（4）用上述方法为标题文字填充颜色，最终效果如图 2-63 所示。

图 2-63

（5）用同样的方法在易拉宝的下部制作动漫社 LOGO，如图 2-64 所示。图层命名为“标志”。

图 2-64

（6）保存文件。

新知解析

一、创建路径文字

可以将文字加入钢笔工具或形状工具所建立的工作路径上，让文字呈现沿着路径边缘排列的效果。

（一）在路径上添加文字

在创建路径的外侧创建文字，文字会沿着锚点加入路径的方向进行排列。用【横排文字工具】在路径上输入水平文字时，文字方向会与路径的基线互相垂直；用【垂直文字工具】在路径上输入垂直文字时，文字方向会与路径的基线互相平行。如图 2-65、图 2-66 所示。

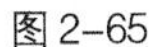

图 2–65

图 2–66

应用实例操作步骤如下。

（1）执行【文件】|【打开】命令，打开“项目二\素材\广告画. jpg”，使用【钢笔工具】在页面中创建如图 2-67 所示的曲线路径。

（2）使用【横排文字工具】在路径上输入需要的文字，选中【路径选择工具】后，会出现带黑色箭头的光标“ ”“ ”“ ”。此时按下鼠标水平拖动会改变文字在路径上的位置；按下鼠标向下拖动，可更改文字方向和依附路径的顺序。最终效果如图 2-68 所示。

图 2–67

图 2–68

（二）在路径内添加文字

在路径内添加文字指的是在创建的封闭路径内创建文字。

应用实例操作步骤如下。

（1）执行【文件】|【打开】命令，打开“项目二\素材\广告画.jpg”，选择【椭圆工具】后单击【路径】，在页面中创建一个椭圆路径。

（2）使用【横排文字工具】将光标拖动到椭圆路径内部，当光标变成形状时，单击鼠标便可以输入所需的文字了。

（3）输入文字后，文字会按照路径形状自行更改位置，如图 2-69 所示。

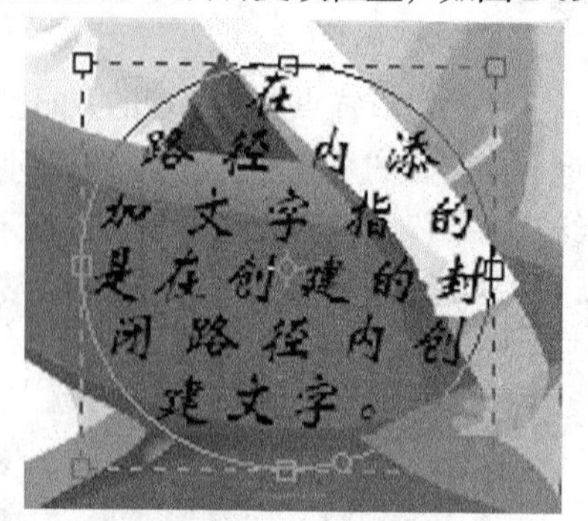

图 2–69

（三）将文字转换成路径

在图层面板中选中文字图层，使用【图层】|【文字】|【创建工作路径】命令，即可根据文字的外轮廓创建一个工作路径，可以制作出形态各异的异形文字。

应用实例操作步骤如下。

（1）新建文件，设置大小为 20 cm × 12cm，分辨率 72 像素/英寸，色彩模式为 RGB。

（2）按【横排文字工具】输入文字“路径字”，字体为隶书，大小为 160 点。

（3）使用【图层】|【文字】|【创建工作路径】命令，得到文字路径，在图层面板中将文字层删除，如图 2-70 所示。

图 2–70

（4）使用【直接选择工具】配合【钢笔工具】对路径进行调整，得到如图 2-71 所示文字路径。

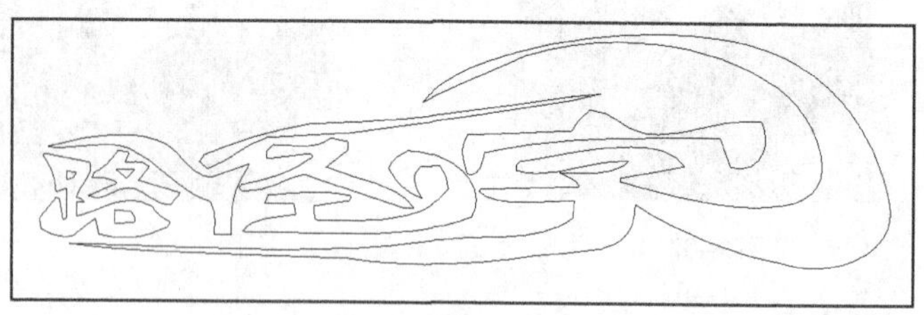

图 2–71

（5）按【新建图层】，单击路径面板下的【将路径转换为选区】。设置前景色为金色，填充前景色得到如图 2-72 所示文字。

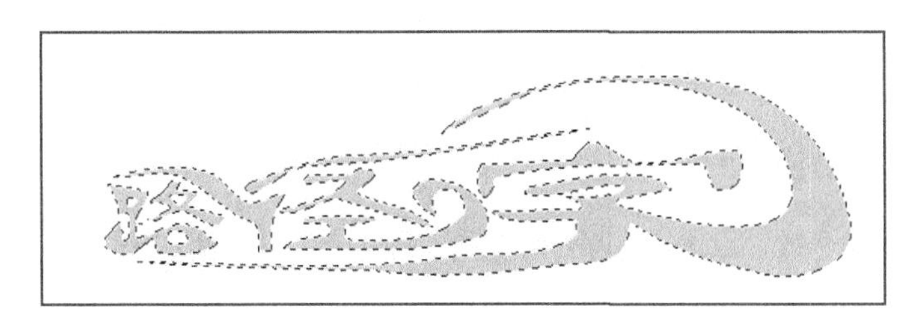

图 2-72

（6）单击图层面板下的【添加图层样式】 fx 图标，给文字加“斜面和浮雕”和“描边”效果，参数设置如图 2-73、图 2-74 所示。

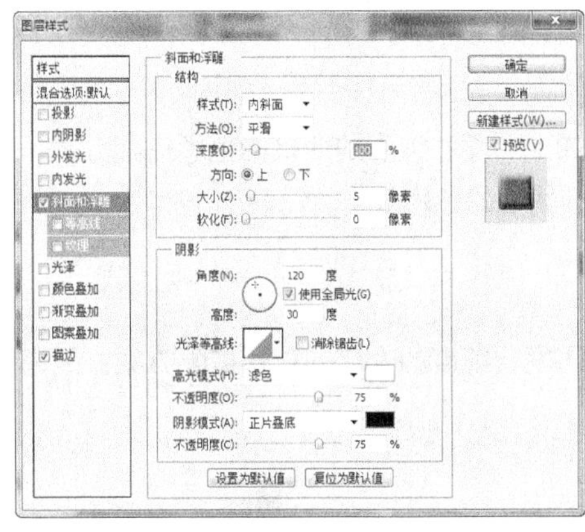

图 2-73

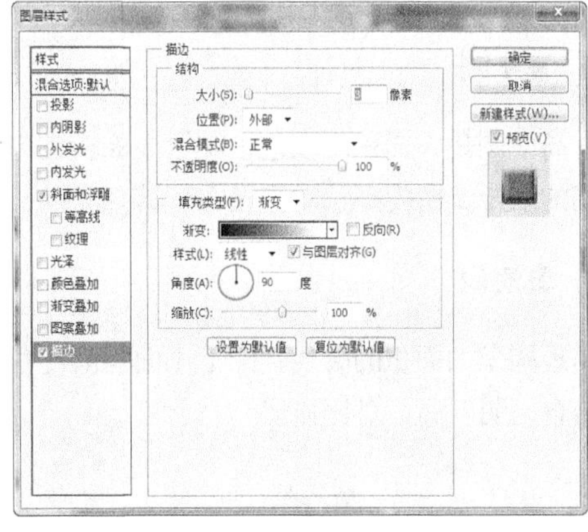

图 2-74

单击【确定】按钮后得到文字立体效果，如图 2-75 所示。

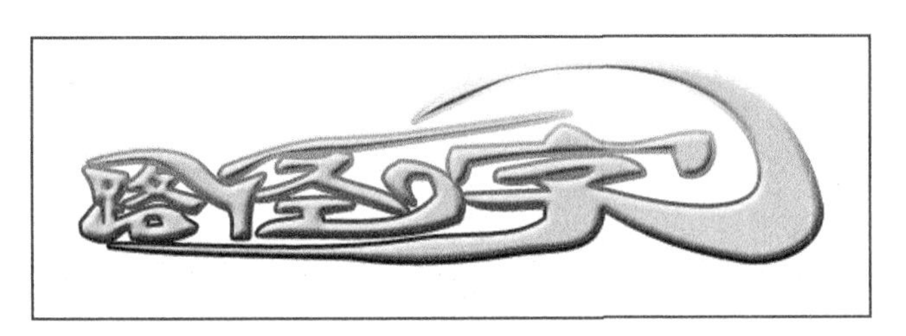

图 2-75

二、色彩应用，不同色相的搭配调子

除了独特的构思、奇妙的创意之外，色彩搭配在设计中的重要性也是不言而喻的。

（一）按照色相来划分调子

- 暖色（红、橙、黄）属于高调，给人热情、奔放的感觉。
- 绿色属于中调，遇暖则暖、遇冷则冷。
- 冷色（青、蓝、紫）属于低调色彩，给人忧郁、宁静的感觉。

高调色彩给人的感觉是喜庆、活泼，所以一般用于庆典场合的色彩搭配，如高长调、高中调、高短调。

低调色彩给人感觉宁静、庄重、忧郁，适合一些比较庄重的场合，如低长调、低中调、低短调。中间调与高调搭配，变得活泼，与低调搭配变得稳重。

（二）按色相来的搭配

按色相来的搭配有 9 种，包括高长调、高中调、高低调、中长调、中中调、中短调、低长调、低中调、低短调。

1. 高长调

高长调是大面积的暖色，配上小面积的暖色加上明度、纯度的变化的色彩搭配方案。是高调和长调的结合，明度高、对比强烈、具有明朗、鲜明、活泼的色彩效果，适合一些庆典策划的配色。

2. 高中调

高中调是大面积的暖色，配上小面积的中性色加上明度、纯度的变化的色彩搭配方案。是高调和中调的结合，明度高、对比居中，具有优雅、跳跃、愉悦的色彩效果。

3. 高短调

高短调是大面积的暖色，配上小面积的冷色加上明度、纯度的变化的色彩搭配方案。是高调和短调的结合，明度高，对比强烈。

高长调　　高中调　　高短调

4. 中长调

中长调是大面积的中性色，配上小面积的暖色加上明度、纯度的变化的色彩搭配方案。

5. 中中调

中中调是大面积的中性色，配上小面积的中性色加上明度、纯度的变化的色彩搭配方案。

6. 中短调

中短调是大面积的中性色，配上小面积的冷色加上明度、纯度的变化的色彩搭配方案。

中长调　　中中调　　中短调

7. 低长调

低长调是大面积的冷色，配上小面积的暖色加上明度、纯度的变化的色彩搭配方案。

8. 低中调

低中调是大面积的冷色，配上小面积的中性色加上明度、纯度的变化的色彩搭配方案。

9. 低短调

低短调是大面积的冷色，配上小面积的冷色加上明度、纯度的变化的色彩搭配方案。

低长调　　低中调　　低短调

以上是按照色相来划分的色彩调子，在同一色相中，也有色彩调子。明度纯度高的属长调，明度纯度低的属短调。

任务拓展

为服装店制作以自己为模特的开业庆典的促销易拉宝海报，尺寸为 2 m × 0.9m，要求：图文并茂，设计布局合理，诉求点突出。

项目评价反馈表

技能名称	分 值	评分要点	学生自评	小组互评	教师评价
色彩工具的使用	2	色彩搭配合理			
文字工具的使用	1	诉求点清晰			
路径字的制作	2	熟练使用钢笔工具			
项目总体评价					

项目三　制作户外喷绘广告

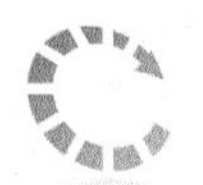

【岗位设定】

具备一定美术设计和抠图能力的平面设计师。

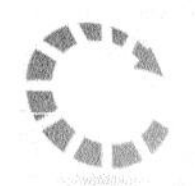

【项目描述】

设计内容：制作户外喷绘广告。

客户要求：为某款手机制作户外宣传广告，尺寸为 6 m × 18m；设计一幅呼吁未成年人远离网络游戏的公益广告。

最终效果如图 3-1 和图 3-2 所示。

图 3–1

图 3–2

任务一　手机广告

任务描述

本任务主要是利用蒙版和滤镜来制作一幅手机户外喷绘广告。

本任务完成的最终效果如图 3-3 所示。

图 3–3

任务分析

（1）能够正确设置喷绘广告的尺寸、分辨率。

（2）熟练使用 Photoshop 的图层蒙版与渐变工具合成图片。

（3）熟悉滤镜的添加和使用方法。

（4）熟练使用图层样式。

任务实施

（1）新建文件“手机广告”，大小与分辨率如图 3-4 所示。

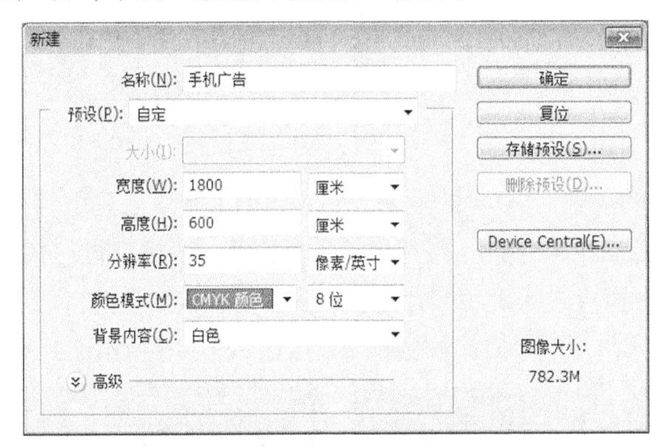

图 3–4

（2）打开配套光盘中的“项目三\素材\晚霞. jpg”，用【移动工具】选中“背景”层，拖曳至“手机广告”文件中，生成“图层 1”。

（3）选中“图层 1”，用【裁剪工具】裁剪出如图 3-5 所示的图片，并用【Ctrl+T】组合键调整至满屏大小。

图 3–5

（4）打开配套光盘中的“项目三\素材\公路.jpg”，用【移动工具】选中“背景”层，拖曳至“手机广告”文件中，生成“图层 2”。

（5）单击【图层】面板底部的【添加图层蒙版】按钮，给“图层 2”添加蒙版，按【D】键将前景色和背景色设为默认颜色，选择【渐变工具】中的“线性渐变”，为“图层 2”的蒙版添加如图 3-6 所示的渐变样式，图层效果如图 3-7 所示。

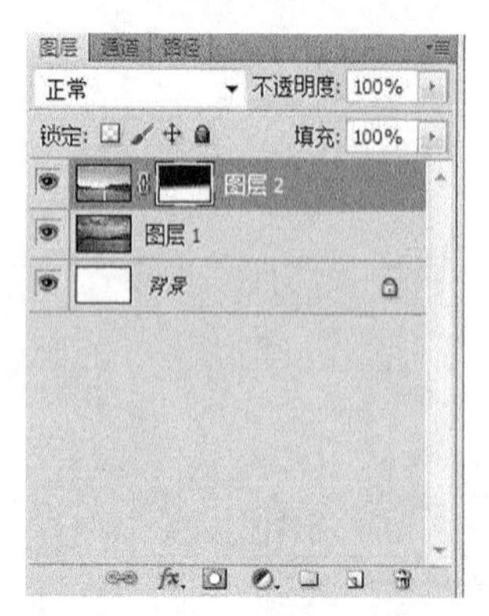

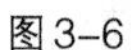
图 3-6

图 3-7

（6）打开配套光盘中的“项目三\素材\手机．jpg”，用【魔棒工具】选中背景中的白色区域，按【Ctrl+Shift+I】组合键进行反向选择，将选出的手机移至“手机广告”文件中，生成“图层 3”。

（7）按【Ctrl+T】组合键将手机旋转并调整至如图 3-8 所示大小。

（8）用按【矩形选框工具】在手机屏幕位置建立如图 3-9 所示的矩形选区。

图 3-8

图 3-9

（9）按【Ctrl+Shift+I】组合键进行反选，单击【图层】面板底部的【添加图层蒙版】按钮，为“图层 3”添加如图 3-10 所示的蒙版。

图 3-10

（10）单击【图层】面板底部的【添加图层样式】按钮，为“图层 3”添加“投影”样式，参数如图 3-11 所示。

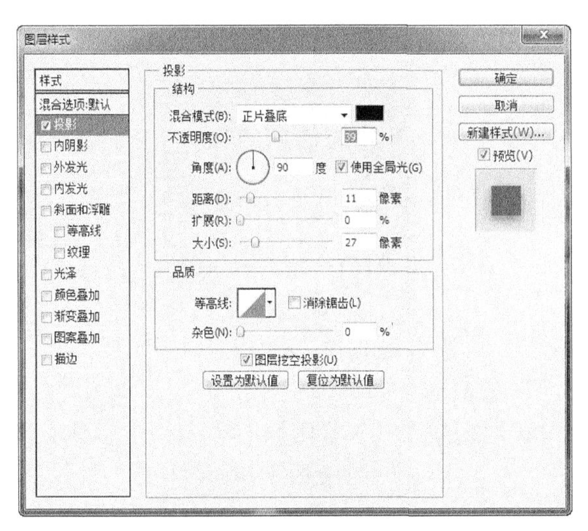

图 3-11

（11）新建“图层 4”，使用【椭圆选框工具】绘制如图 3-12 所示的手机阴影，并将“图层 4”的不透明度设为“62%”。

图 3-12

（12）打开配套光盘中的“项目三\素材\标志.jpg”，将其移动至“手机广告”文件中，生成“图层 5”。用【钢笔工具】建立如图 3-13 所示的路径。

图 3-13

（13）单击【路径】面板底部的【将路径作为选区载入】按钮，创建如图 3-14 所示的选区。

图 3-14

（14）新建“图层 6”，用白色填充苹果选区，如图 3-15 所示。

图 3-15

（15）选中“图层 6”，执行【滤镜】|【风格化】|【风】命令，具体设置如图 3-16 所示。

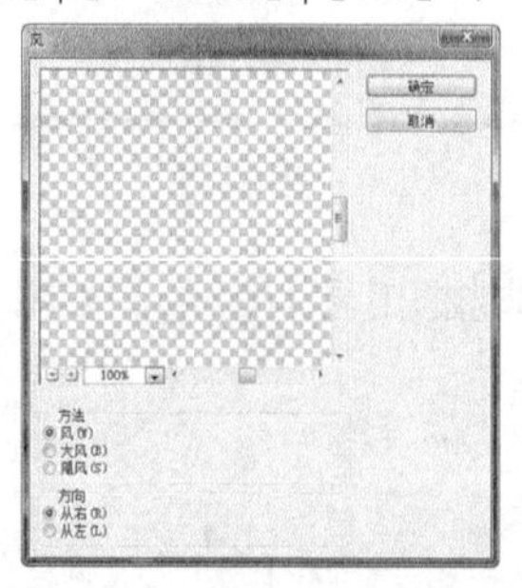

图 3-16

（16）按【Ctrl+F】组合键多次，并调整“图层 6”的大小和位置，效果如图 3-17 所示。

图 3-17

（17）利用【横排文字工具】T 添加文字“APPLE”：微软雅黑、17 点、平滑、白色，如图 3-18 所示。

图 3-18

（18）利用【横排文字工具】T 添加文字“你的诗篇将是什么？”、微软雅黑、30 点、平滑、白色，如图 3-19 所示。并添加“投影”图层样式，具体设置如图 3-20 所示。

图 3–19

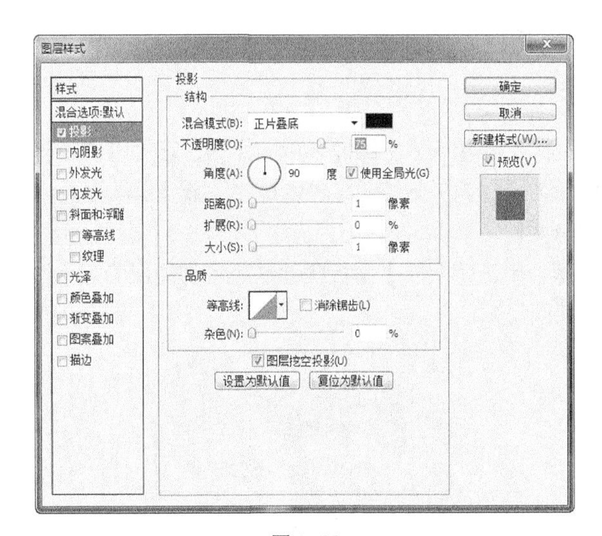

图 3–20

（19）同步骤（18），添加如图 3-21 所示的文字，并最终完成作品。

图 3–21

（20）保存文件“手机广告.psd”。

新知解析

（一）喷绘广告常识

喷绘一般是指户外广告画面输出，它输出的画面很大，如高速公路旁众多的广告牌画面就是喷绘机输出的结果。输出机型有：NRU SALSA 3200 、彩神 3200 等，一般是 3.2m 的最大幅宽。喷绘机使用的介质一般都是广告布（俗称灯箱布），墨水使用油性墨水，喷绘公司为保证画面的持久性，一般画面色彩比显示器上的颜色要深一点。它实际输出的图像分辨率一般只需要 30 ~ 45dpi（设备分辨率），画面实际尺寸比较大的，有上百平米的面积。喷绘图像尺寸大小和实际要求的画面大小是一样的，它和印刷不同，不需要留出“出血”的部分。喷绘公司一般会在输出画面时留“白边”（一般为 10cm）。

喷绘统一使用 CMKY 模式 。

（二）图层蒙版

在图层中，图层蒙版起到了隐藏或显示图像区域的作用，它可以用来遮盖部分不要的图像。

在图层蒙版中白色区域为显示该层图像，黑色区域为隐藏该层图像。

创建图层蒙版的方法有两种。

（1）直接添加图层蒙版：单击【图层】面板底部的【添加图层蒙版】按钮，再用画笔或渐变工具修改图层蒙版，如图 3-22 所示。

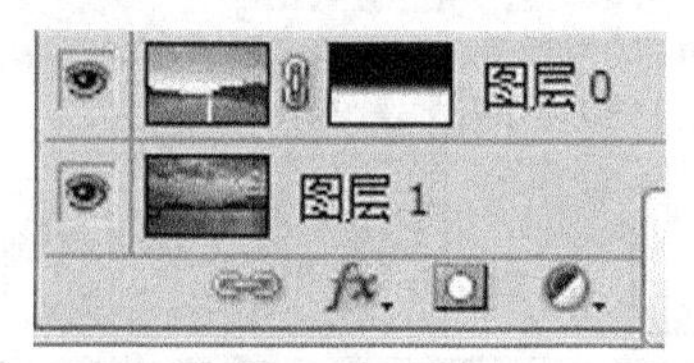

图 3-22

（2）依据选区添加蒙版：先创建选区，再添加图层蒙版，则显示选区内的图像，如图 3-23 所示。

图 3-23

（三）钢笔工具组

使用钢笔工具组中的工具可以创建并编辑路径或形状。该工具组中包括了 5 种工具，分别是“钢笔”工具、“自由钢笔”工具、“添加锚点”工具、“删除锚点”工具和“转换点”工具。

（1）绘制直线路径：单击【钢笔工具】，在工作区内单击鼠标左键，绘出第一个锚点，然后在另一位置处单击鼠标左键，按住【Ctrl】键在任意处单击结束绘制，即可绘制出一条直线，如图 3-24 所示。

图 3-24

（2）绘制曲线路径：单击【钢笔工具】，在工作区内单击鼠标左键，绘出第一个锚点，然后在另一位置处单击鼠标左键并拖曳鼠标，绘出带有两条方向线的锚点，调整方向线后，按住【Alt】键在第二个锚点上单击，继续以同样的方法绘制出其他锚点，如图 3-25 所示。

图 3-25

任务二 远离网游公益广告

任务描述

本任务主要是利用蒙版和滤镜来制作一幅呼吁青少年远离网络游戏的公益喷绘广告。

最终效果如图 3-26 所示。

图 3-26

任务分析

（1）能够正确设置喷绘广告的尺寸、分辨率。

（2）熟练使用 Photoshop 的图层蒙版与画笔工具合成图片。

（3）熟悉径向模糊等滤镜的使用方法。

（4）熟练使用图层样式。

任务实施

（1）新建文件“远离网游”，大小与分辨率如图 3-27 所示。

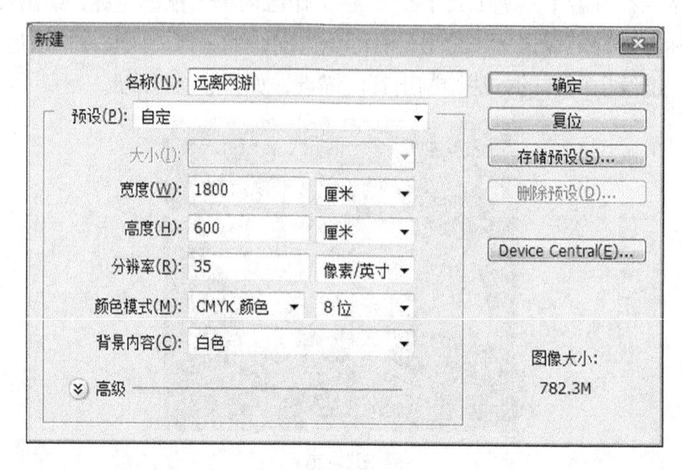

图 3–27

（2）按【Ctrl+Shift+N】组合键新建图层，图层名称为“放射渐变”，如图 3-28 所示。

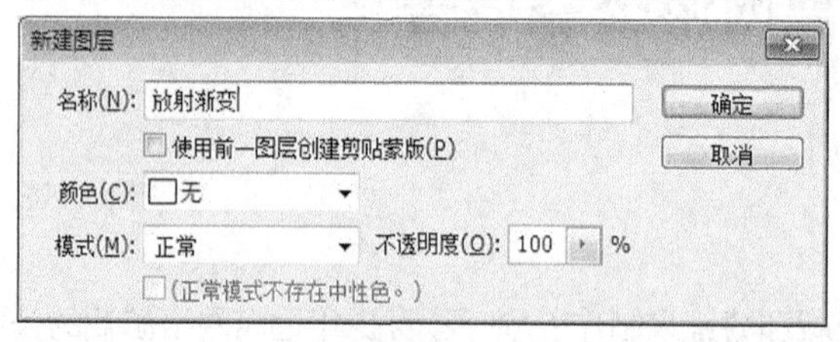

图 3–28

（3）选择【渐变工具】，单击【选项栏】上的【点按可编辑渐变】，在弹出的对话框中选择【预设】中的【前景色到背景色渐变】，单击确定，如图 3-29 所示。

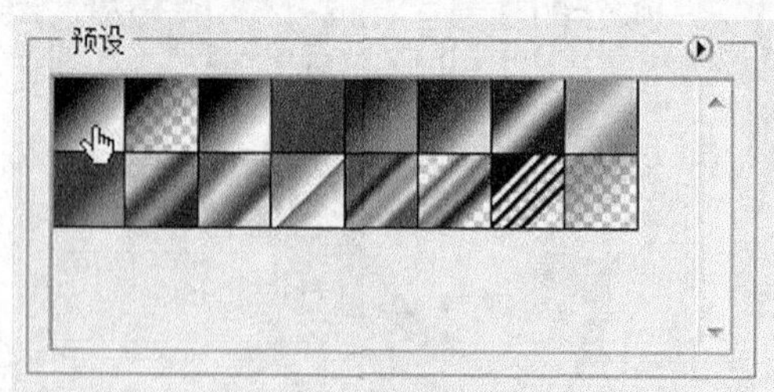

图 3–29

（4）【渐变方式】选择【径向渐变】，不透明度为 22%，勾选【反向】。

（5）在“放射渐变”图层上拖曳出渐变色，如图 3-30 所示。

图 3-30

（6）打开配套光盘中的“项目三\素材\显示器. jpg”，用【移动工具】选中“背景”层，拖曳至“远离网游”文件中，生成“图层 1”，重命名为“显示器”，如图 3-31 所示。

图 3-31

（7）选择【魔棒工具】，设置选项 容差: 20 消除锯齿 连续，单击“显示器”的白色部分，按【Ctrl+Shift+I】组合键进行反选，单击【图层面板】的【添加图层蒙版】按钮，如图 3-32 所示。

图 3-32

（8）按【Ctrl+Shift+N】组合键，新建“乌云”图层，如图 3-33 所示。

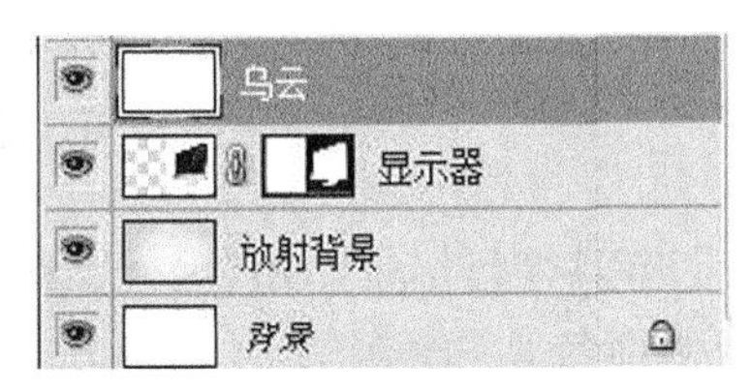

图 3-33

（9）按下【Ctrl+Delete】组合键，为“乌云”图层填充白色背景色。执行【滤镜】|【渲染】|【分层云彩】命令，生成如图 3-34 所示图形。

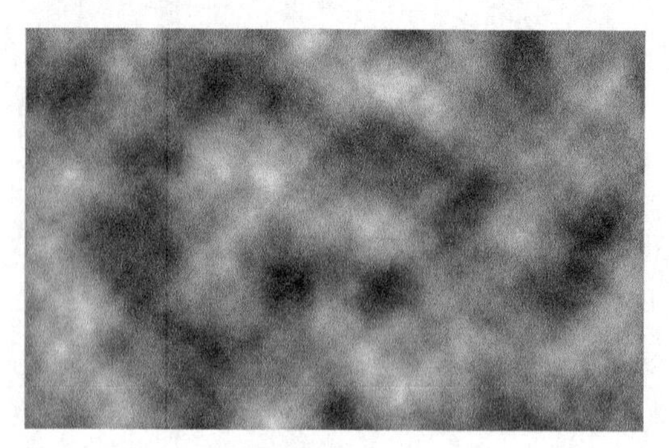

图 3–34

（10）选择【滤镜】|【模糊】|【径向模糊】命令，具体设置如图 3-35 所示。

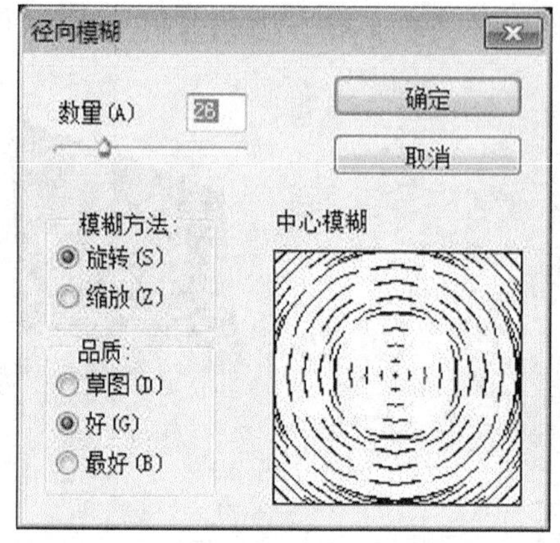

图 3–35

（11）按【Ctrl+Shift+T】组合键调整“乌云”图层的大小和位置，按住【Ctrl】键选择编辑框的顶点，调整图形使其与显示器的形状一致，如图 3-36 和图 3-37 所示。

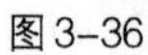
图 3–36

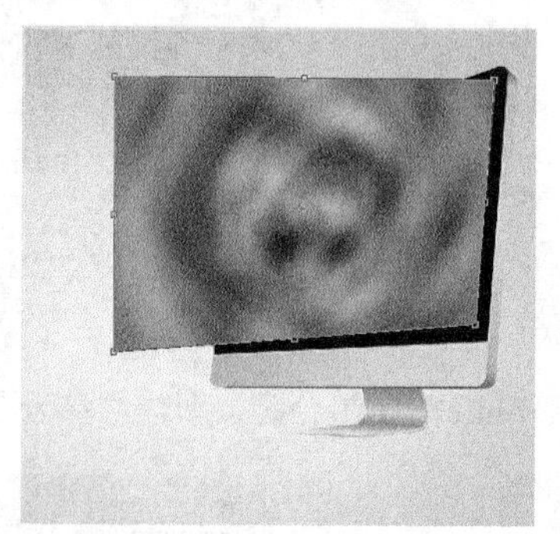

图 3–37

（12）打开配套光盘中的“项目三\素材\沙漠.jpg”，用【移动工具】选中“背景”层，拖曳至“远离网游”文件中，生成“图层 1”，重命名为“沙漠”。

（13）单击【图层面板】的【添加图层蒙版】按钮，选择【画笔工具】，画笔大小 83px，硬度 100%，涂抹“沙漠”图层的天空，效果如图 3-38 所示。

（14）执行【滤镜】|【画笔描边】|【深色线条】，设置如图 3-39 所示。

图 3-38

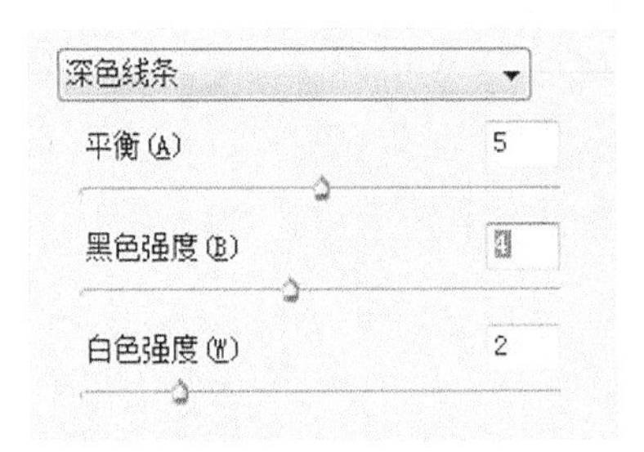

图 3-39

（15）按【Ctrl+Shift+N】组合键，新建“GAME”图层，选择【横排文字蒙版工具】，在画面上单击，调整合适大小，输入“GAME”，单击【提交所有当前编辑】按钮，生成如图 3-40 所示选区，按【Ctrl+Delete】组合键，填充背景色，效果如图 3-41 所示。

图 3-40

图 3-41

（16）选择【编辑】|【变换】|【旋转 90 度（顺时针）】，选择【滤镜】|【风格化】|【风】，方法选择【风】，方向【从左】，按【Ctrl+F】组合键，重复滤镜操作 3 ~ 4 次，生成如图 3-42 所示效果。

（17）选择【编辑】|【变换】|【旋转 90 度（逆时针）】，选择【滤镜】|【扭曲】|【波纹】，在弹出的对话框中设置【数量】为 109，生成如图 3-43 所示效果。

图 3-42

图 3-43

（18）打开配套光盘中的“项目三\素材\键盘.jpg”，使用【移动工具】选中“背景”层，拖曳至“远离网游”文件中，生成“图层 1”，重命名为“键盘”。

（19）执行【编辑】|【变换】|【旋转 90 度（顺时针）】命令，调整键盘方向。

（20）执行【滤镜】|【扭曲】|【切边】命令，具体设置如图 3-44 所示。

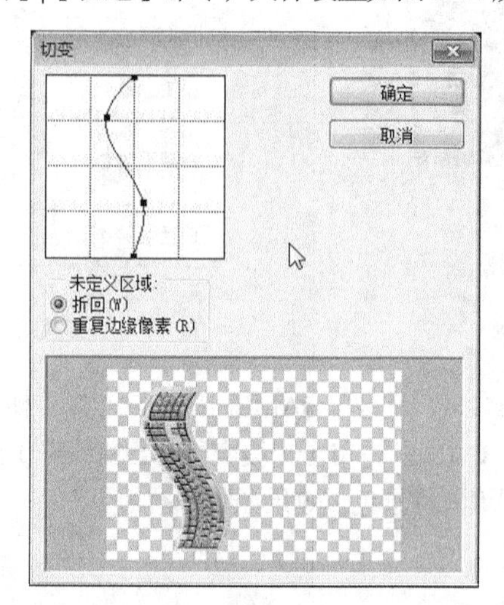

图 3–44

（21）按【Ctrl+T】组合键，调出变换编辑框，按住【Ctrl】调整键盘位置和形状，如图 3-45 所示。

图 3–45

（22）打开配套光盘中的“项目三\素材\木头人. jpg”，用【移动工具】选中“背景”层，拖曳至“远离网游”文件中，生成“图层 1”，重命名为“木头人”。

（23）单击【图层面板】的【添加图层蒙版】按钮，选择【画笔工具】，画笔大小 83px，硬度 100%，涂抹“木头人”图层的白色区域，效果如图 3-46 所示。

图 3–46

（24）打开配套光盘中的“项目三\素材\男孩.jpg”，用【移动工具】选中“背景”层，拖曳至“远离网游”文件中，生成“图层 1”，重命名为“男孩”。

（25）单击【图层面板】的【添加图层蒙版】按钮，选择【画笔工具】，画笔大小 83px，硬度 100%，涂抹“男孩”图层的白色区域，效果如图 3-47 所示。

图 3–47

（26）选择【横排文字工具】，输入“珍惜青春拒绝网游”，单击【图层面板】的【添加图层样式】按钮，为文字添加“投影”和“描边”样式，参数如图 3-48、图 3-49 所示。

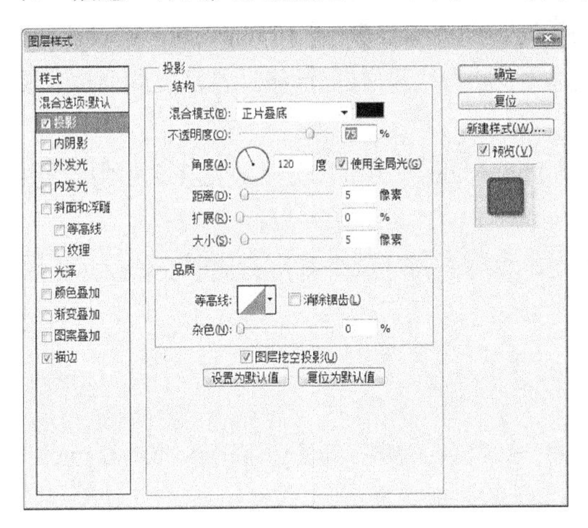

图 3–48

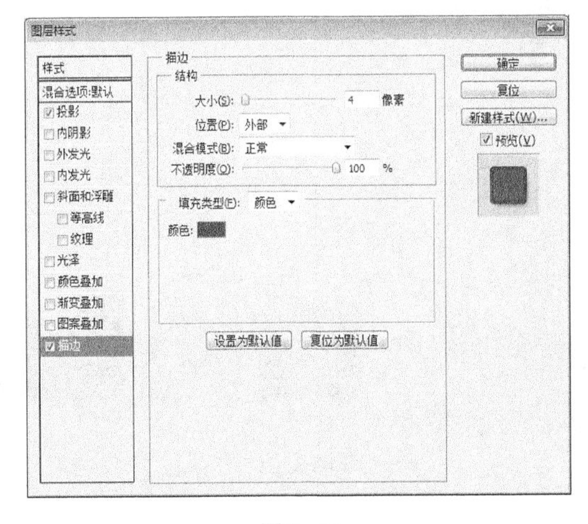

图 3–49

（27）调整文字位置，保存文件，名称为“远离网游.psd”。最终效果如图 3-50 所示。

图 3–50

新知解析

滤镜

滤镜主要是用来实现图像的各种特殊效果，它在 Photoshop 中具有非常神奇的作用。滤镜的操作是非常简单的，但是真正用起来却很难恰到好处。滤镜通常需要同通道、图层等联合使用，才能取得最佳艺术效果。

（1）滤镜的添加：所有的 Photoshop 滤镜都按分类放置在菜单中，使用时只需从该菜单中执行这命令即可。

（2）重复使用上次使用过的命令：按【Ctrl+F】组合键可重复使用上次刚使用过的滤镜。

任务拓展

打开配套光盘中的“项目一\素材\”中的“baby1.jpg”、“baby2.jpg”、“背景.jpg”，利用图层蒙版和画笔工具，制作如图 3-51 所示的儿童写真。

图 3–51

项目评价反馈表

技能名称	分值	评分要点	学生自评	小组互评	教师评价
图层的基本操作	1	方法正确			
创建选区蒙版	2	图片处理准确			
画笔编辑蒙版	2	画笔选择合适			
项目总体评价					

项目四 制作门牌效果图

【岗位设定】

广告公司的平面设计师。

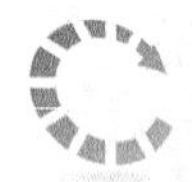

【项目描述】

设计内容：为企业部门设计五楼门牌。

客户要求：制作系列门牌效果，为门牌“518”制作倒角不锈钢拉丝效果图，外套为褐色木框，并以此制作后四个门牌号。（尺寸：18 cm × 12cm）

最终效果：如图 4-1 所示。

图 4-1

任务一 制作倒角不锈钢拉丝门牌

任务描述

本任务是为门牌“518”制作倒角不锈钢拉丝效果图。（尺寸：18cm × 12cm）

最终效果如图 4-2 所示。

图 4-2

任务分析

（1）了解标牌的制作工艺。

（2）熟悉 Photoshop 中利用滤镜制作材质（不锈钢、布纹、木刻、云彩和霓虹灯的效果等）。

（3）熟练掌握金属倒角的制作方法。

任务实施

（1）新建文件“门牌效果图”，宽度：18cm，长度：12cm，如图 4-3 所示。

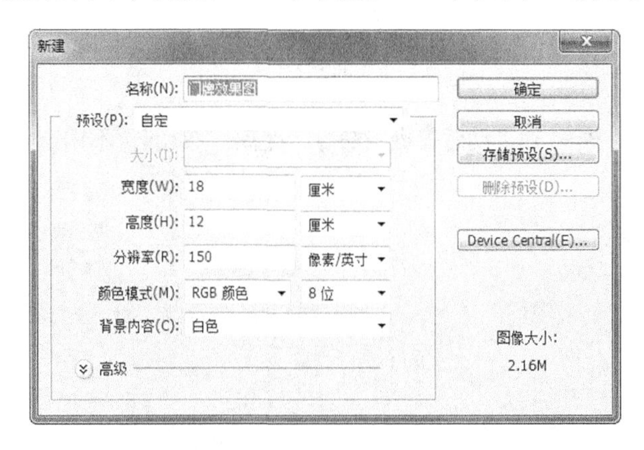

图 4–3

（2）新建图层，图层命名：“不锈钢拉丝”，选择【渐变工具】，设置以下渐变色进行填充，如图 4-4 所示。

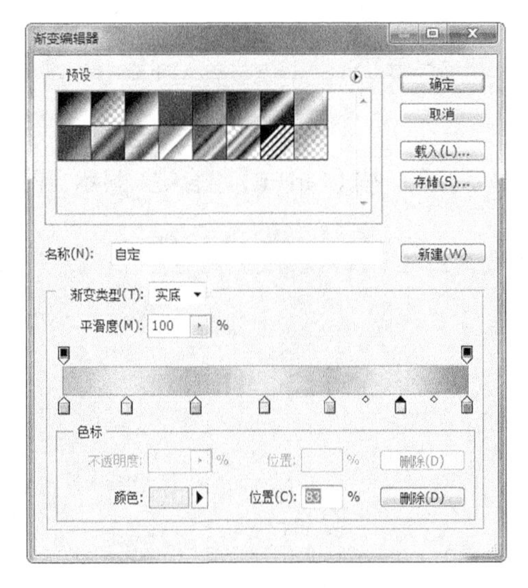

图 4–4

（3）执行【滤镜】|【杂色】|【添加杂色】命令，数量：34，“高斯分布”，“单色”，为拉丝做准备，如图 4-5 所示。

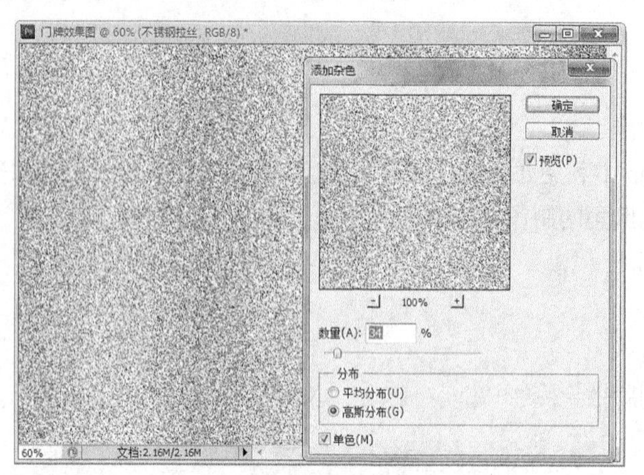

图 4–5

（4）执行【滤镜】|【模糊】|【动感模糊】命令，距离：“210”，不锈钢的拉丝效果制作完毕，如图 4-6 所示。

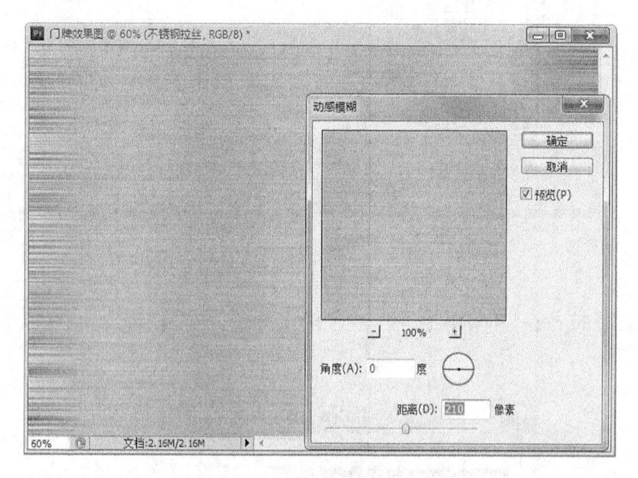

图 4–6

（5）按【Ctrl+R】组合键显示标尺，按【Ctrl+T】组合键，显示当前图层中心点，以中心点为参考拖出参考线，如图 4-7 所示。

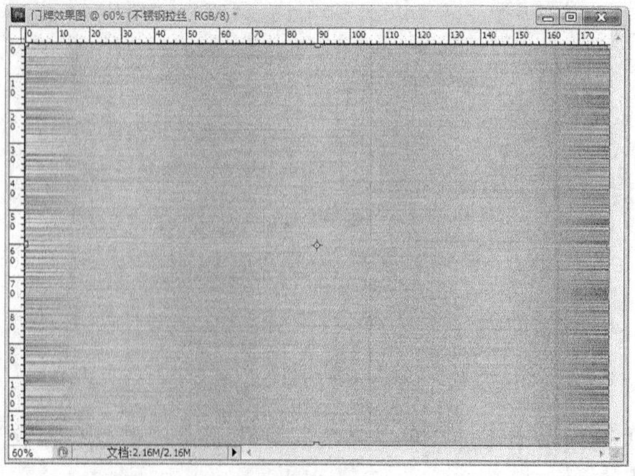

图 4–7

（6）按【Enter】键，选择【矩形选框工具】，按住【Alt】键以中心点为中心创建一个矩形选框，如图 4-8 所示。

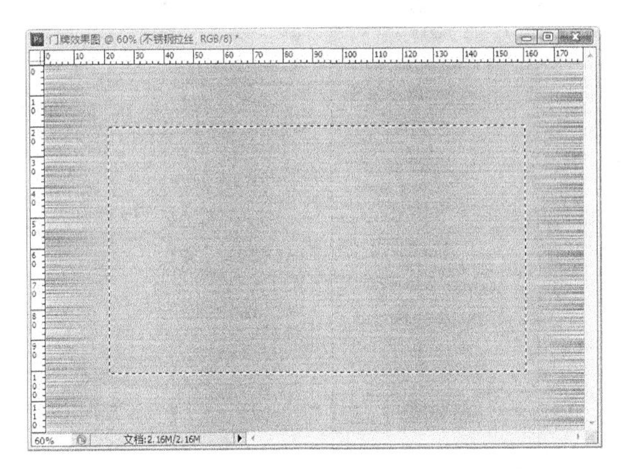

图 4–8

（7）执行【选择】|【修改】|【平滑】命令，半径：“30”，效果如图 4-9 所示。

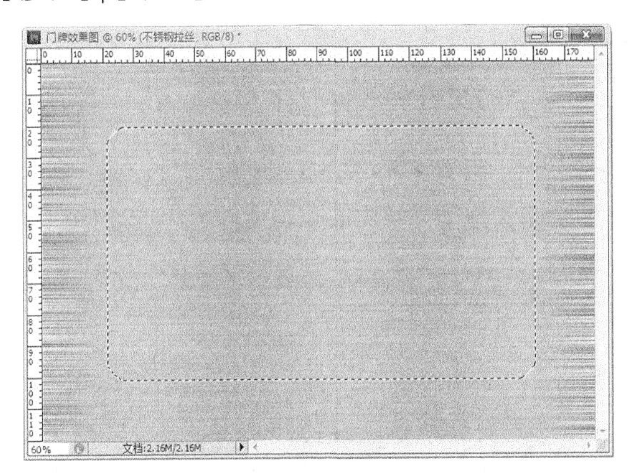

图 4–9

（8）按【Shift+Ctrl+I】组合键进行反选，按【Del】键删除选区，按【Shift+D】组合键取消选区，至此，倒角效果制作完毕，如图 4-10 所示。

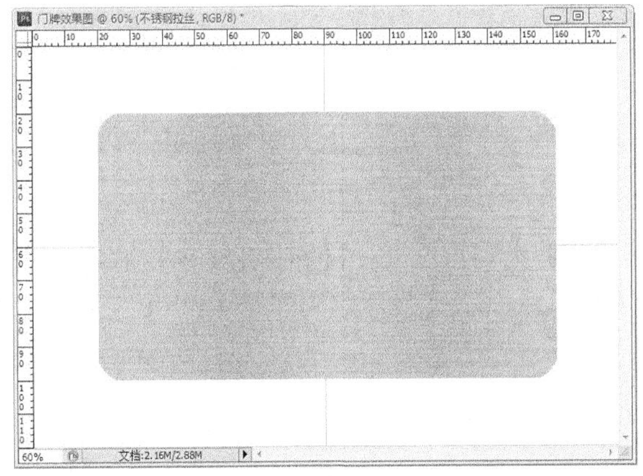

图 4–10

（9）设置图层样式，如图 4-11 所示。

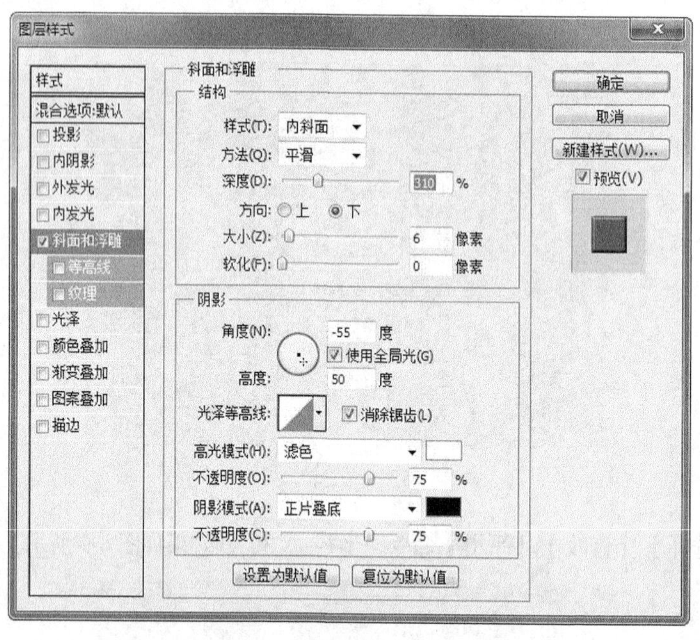

图 4–11

（10）选择【横排文字工具】T，设置字体：“方正大黑简体”，字号：“156”，字体颜色：“AEABAB”，输入“518”，按【Ctrl+T】组合键，拖动文字中心点与文件中心点重合，如图 4-12 所示。

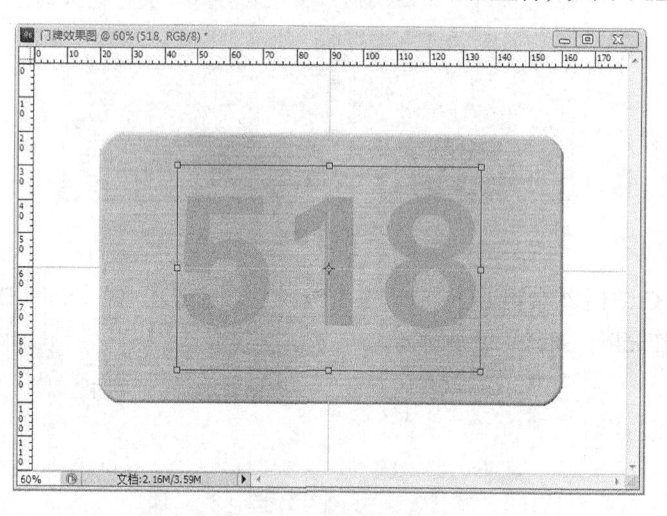

图 4–12

（11）清除参考线。右键单击文字图层，选择【栅格化文字】命令。设置该图层样式：投影、内发光、斜面和浮雕、光泽。如图 4-13（a）、图 4-13（b）、图 4-13（c）、图 4-13（d）所示。

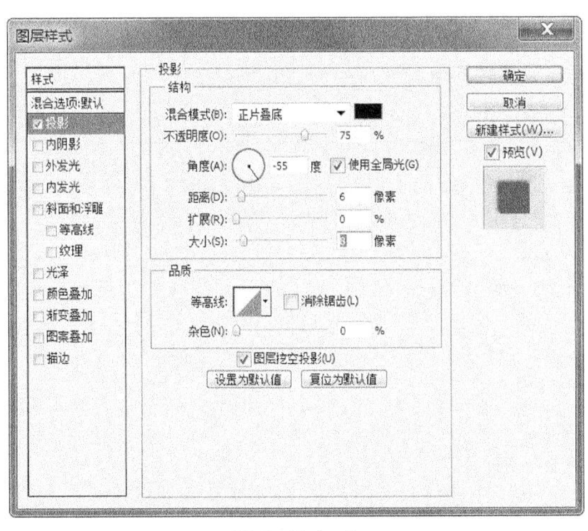

图 4-13（a）

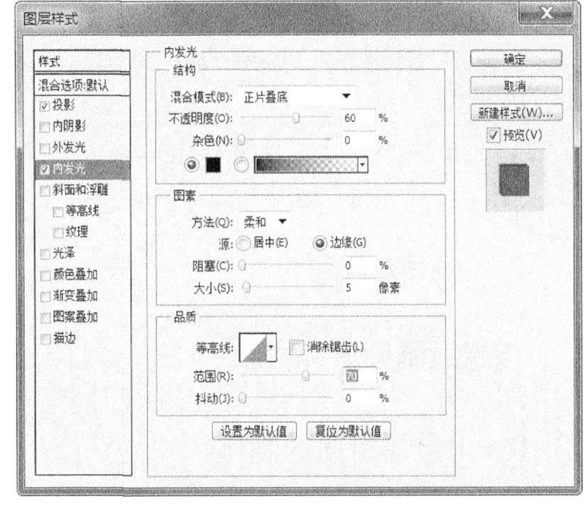

图 4-13（b）

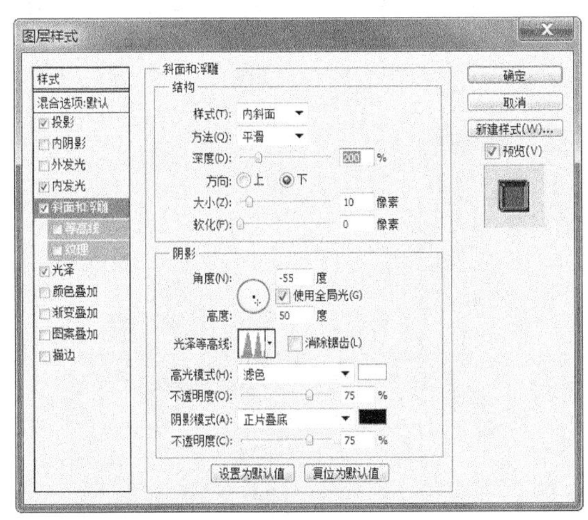

图 4-13（c）

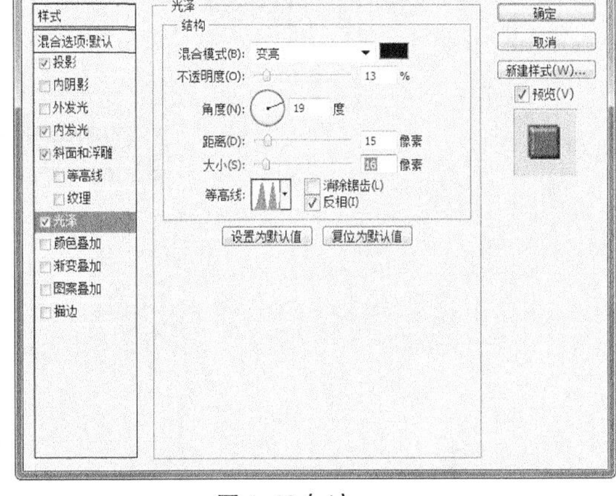

图 4-13（d）

（12）在“518”图层之上新建一个图层，按【D】键还原前/背景色。执行【滤镜】|【渲染】|【云彩】命令，执行【滤镜】|【杂色】|【添加杂色】命令，数量：“12%”；接着执行【滤镜】|【模糊】|【动感模糊】命令，距离：“30”；然后执行【滤镜】|【锐化】|【锐化】命令。按住【Alt】键，在图层面板中“图层 1”和“518”图层之间单击 ，创建了文字的金属拉丝效果，如图 4-14 所示。

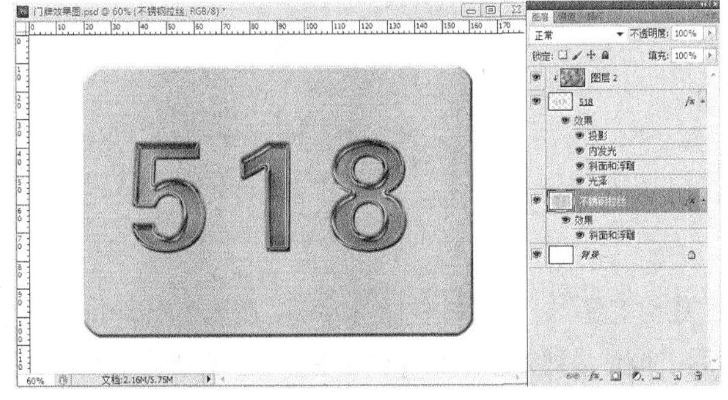

图 4-14

小提示 可以调整图层 1 的位置，来实现不同文字内画面。

（13）按【Ctrl+R】组合键关闭标尺。保存文件。

新知解析

用滤镜制作各种材质

（一）金属材质的制作

（1）新建一个文件，大小为 600×400，分辨率：150。新建一图层，绘制任意矩形选区，如图 4-15 所示。设置填充渐变，如图 4-16 所示。将光标定位在选取框的最左上角，然后按住鼠标左键拖动到选区的最右下方，松开鼠标即可。填充效果如图 4-17 所示。

图 4–15

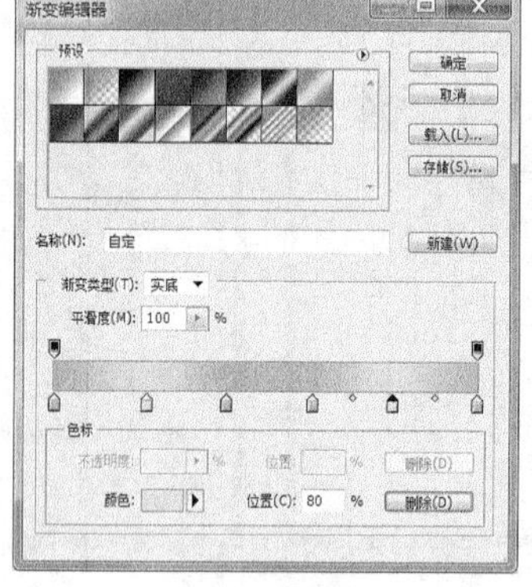

图 4–16

图 4–17

（2）执行【滤镜】|【杂色】|【添加杂色】命令，数量："34"、"高斯分布"、"单色"。 执行【滤镜】|【模糊】|【动感模糊】命令，距离："70"。效果如图 4-18 所示。

图 4–18

（3）单击工具栏中的裁切工具，然后按住鼠标左键，在需要保留的区域上拖动出选框，如图 4-19 所示。单击【Enter】键后，得到最终效果。按【Ctrl+S】组合键保存文件。

图 4–19

（二）大理石材质的制作

（1）新建一个文件，大小为 400×300，分辨率：150。新建图层，按【D】键，将前景和背景色定义为默认黑白两色，按【Ctrl+Del】组合键为当前图层填充白色。

（2）执行【滤镜】|【渲染】|【分层云彩】命令。按两次【Ctrl+F】组合键。

小提示 滤镜执行每次的效果是随机的，所以效果不尽相同。

（3）按【Ctrl+L】组合键，调出色阶设置对话框，数值设置如图 4-20 所示。

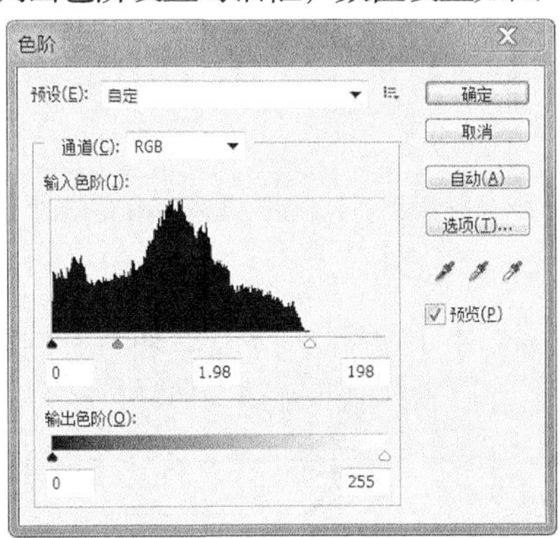

图 4–20

（4）按【Ctrl+B】组合键，调出色彩平衡面板，数值设置如图 4-21 所示。最终效果如图 4-22 所示。

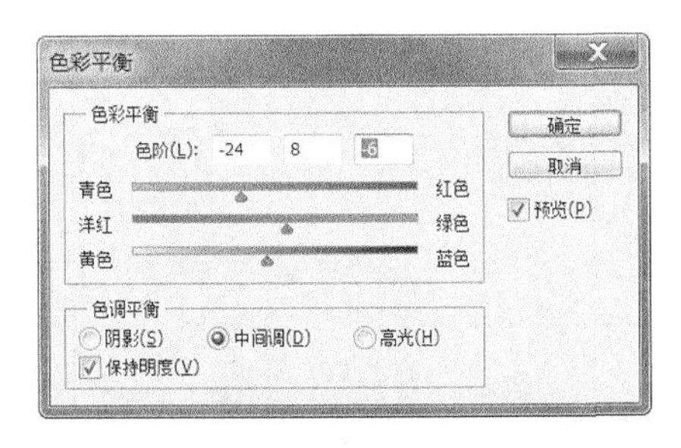

图 4–21

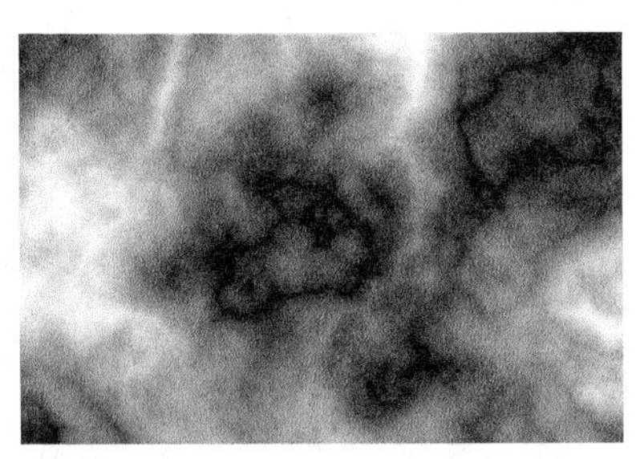

图 4–22

（三）玻璃材质的制作

（1）新建一个文件，大小为 600 × 400，分辨率：150。新建一图层，按【D】键，将前景和背景色定义为默认黑白两色，按【Ctrl+Del】组合键为当前图层填充白色。

（2）执行【滤镜】|【渲染】|【云彩】命令。

（3）执行【滤镜】|【像素化】|【晶格化】命令，单元格大小：“76”，如图 4-23 所示。

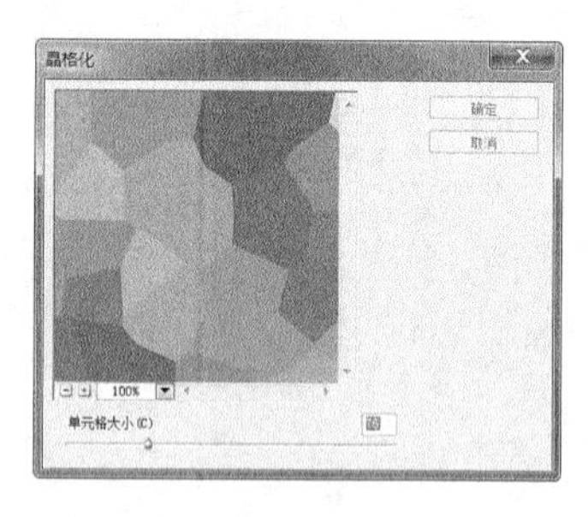

图 4–23

（4）执行【滤镜】|【锐化】|【USM 锐化】命令，参数设置如图 4-24 所示。

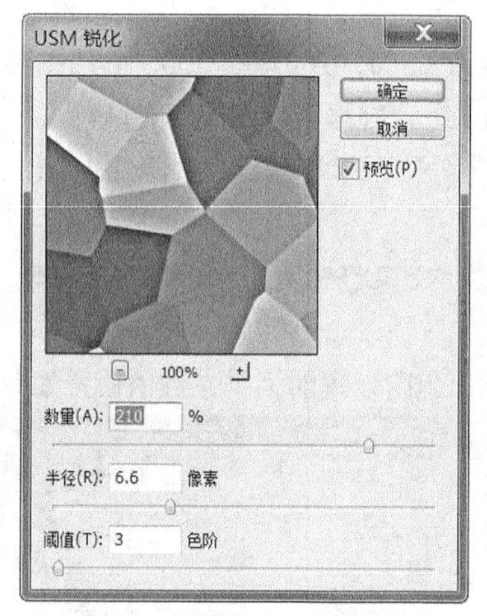

图 4–24

（5）执行【滤镜】|【素描】|【铬黄】命令，参数设置如图 4-25 所示。

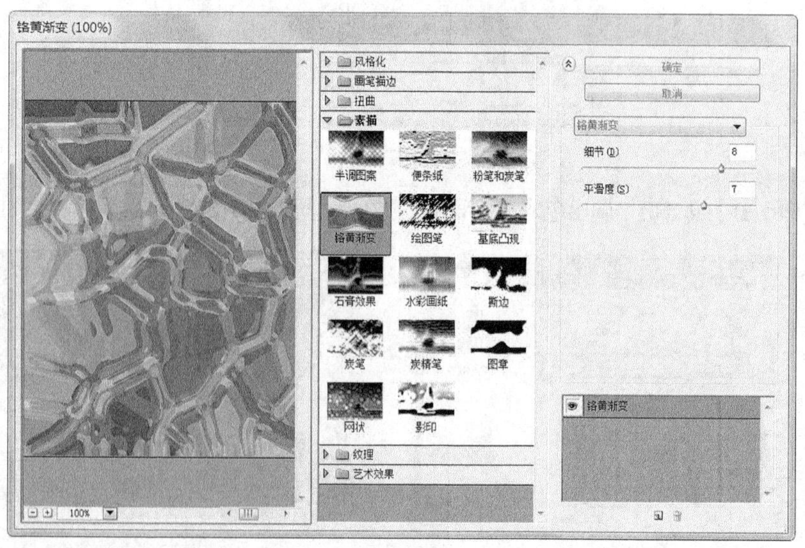

图 4–25

（6）在“图层一”之上新建图层，填充红色，设置该图层的图层混合模式为：“颜色加深”，如图 4-26 所示。

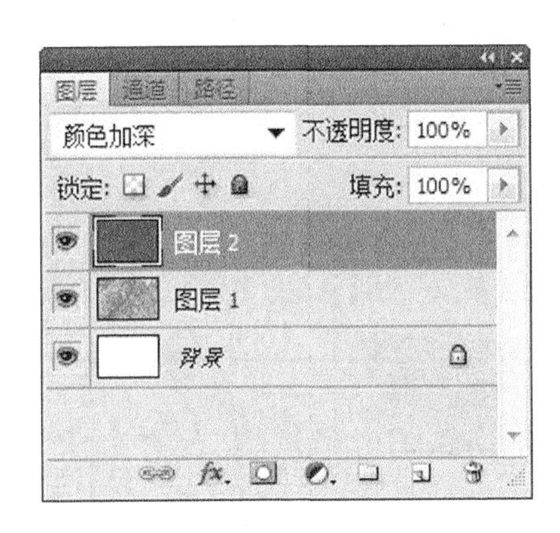

图 4-26

（7）按【Ctrl+U】组合键，打开色相/饱和度对话框，设置参数如图 4-27 所示，得到效果如图 4-28 所示。

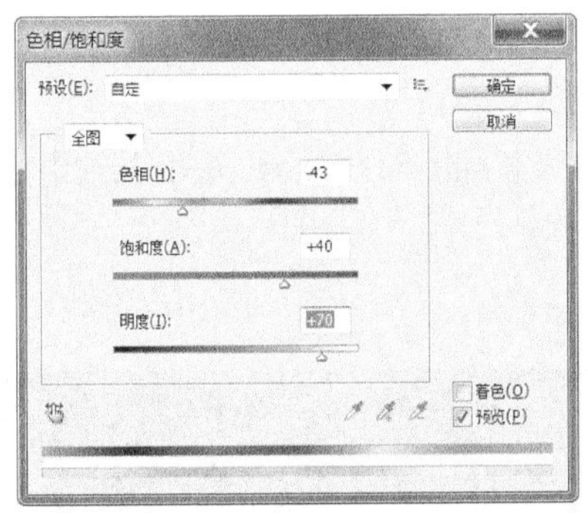

图 4-27

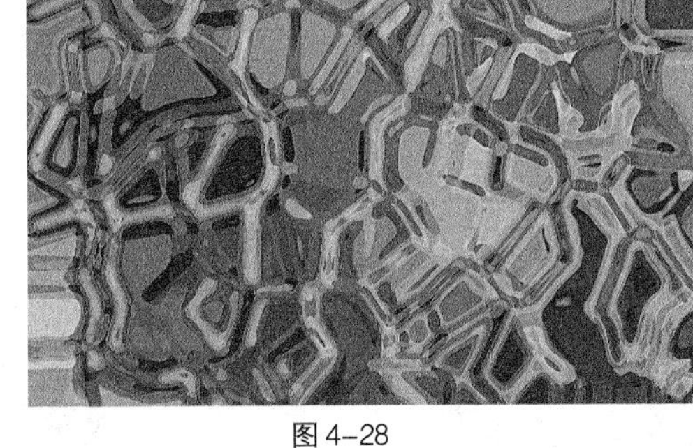

图 4-28

小提示 本实例中，可以随意地调整色相饱和度，得到不同的效果图。

（四）粗糙岩石材质的制作

（1）新建一个文件，大小为 600×400，分辨率：150。新建图层，填充白色。

（2）按【D】键，执行【滤镜】|【渲染】|【云彩】命令，按【Ctrl+F】组合键几次。

（3）新建一通道，执行【滤镜】|【渲染】|【分层云彩】，按【Ctrl+F】组合键几次，得到效果如图 4-29 所示。

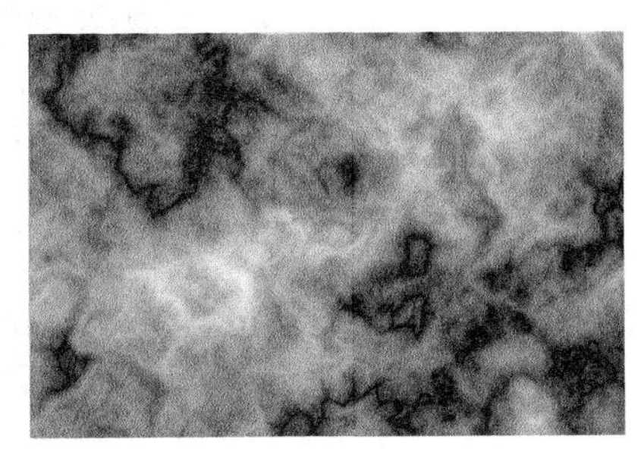

图 4-29

（4）选中“图层 1”，执行【滤镜】|【渲染】|【光照效果】命令，参数设置如图 4-30 所示。

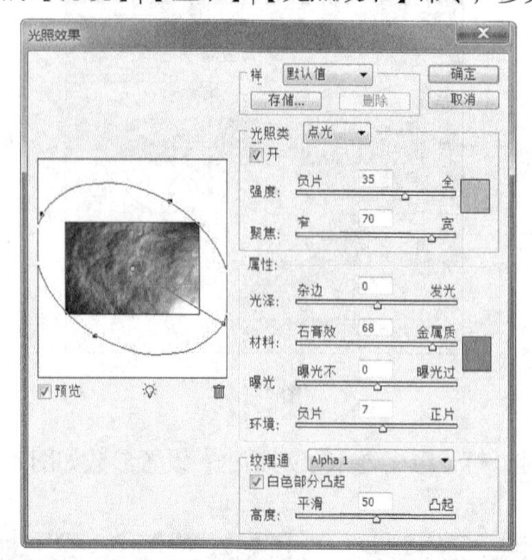

图 4-30

（5）执行【滤镜】|【杂色】|【添加杂色】命令，参数设置如图 4-31 所示。得到的效果如图 4-32 所示。

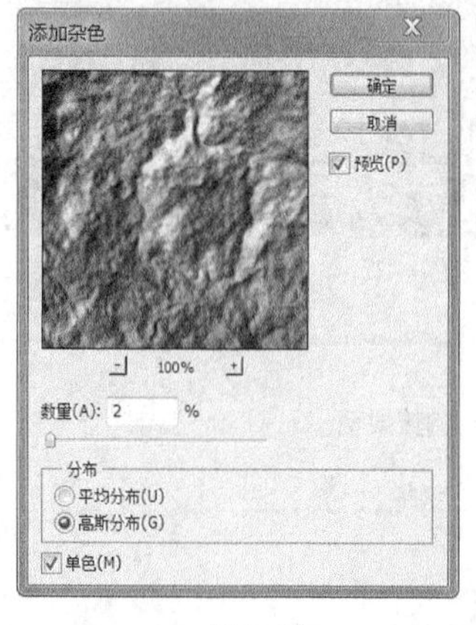

图 4-31

图 4-32

（6）按【Ctrl+U】组合键，设置参数如图 4-33 所示，得到的效果如图 4-34 所示。

图 4-33

图 4-34

（五）木纹材质的制作

（1）新建一个文件，大小为 600×400，分辨率：150。

（2）新建图层，设置前景色和背景色为："淡暖褐"和"深黑暖褐"。执行【滤镜】|【渲染】|【云彩】命令。

（3）执行【滤镜】|【杂色】|【添加杂色】命令，数值："20"、"高斯分布"、单色。

（4）执行【滤镜】|【模糊】|【动感模糊】命令，角度："0"，距离："999"。

（5）在任意位置建立一个长方形选区。执行【滤镜】|【扭曲】|【旋转扭曲】命令，角度为默认。连续按【Ctrl+F】组合键多次。

（6）多次重复建立选区，按【Ctrl+F】组合键，执行上次的扭曲滤镜。效果如图 4-35 所示。

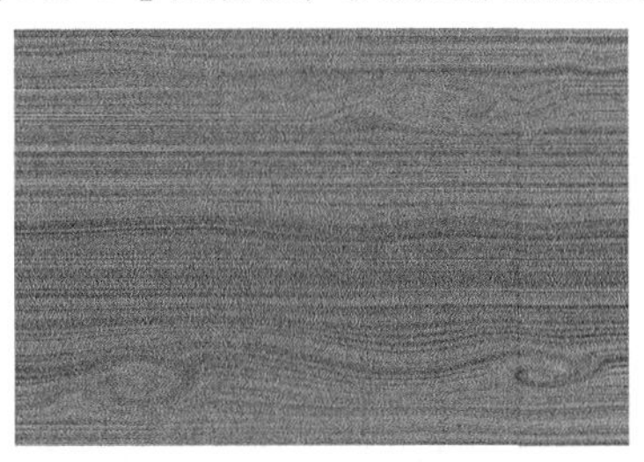

图 4-35

小提示 此部分可任意发挥。

（7）执行【图像】|【调整】|【亮度/对比度】命令，亮度："90"，对比度："26"。

（8）可使用【加深工具】和【减淡工具】在木纹复杂的位置处反复涂抹，进行修饰。

（六）皮革材质的制作

（1）新建一个文件，大小为 600×400，分辨率：150。新建一图层，填充白色。

（2）执行【滤镜】|【纹理】|【染色玻璃】命令，单元格大小："12"，边框粗细："6"，光照强度："0"，如图 4-36 所示。

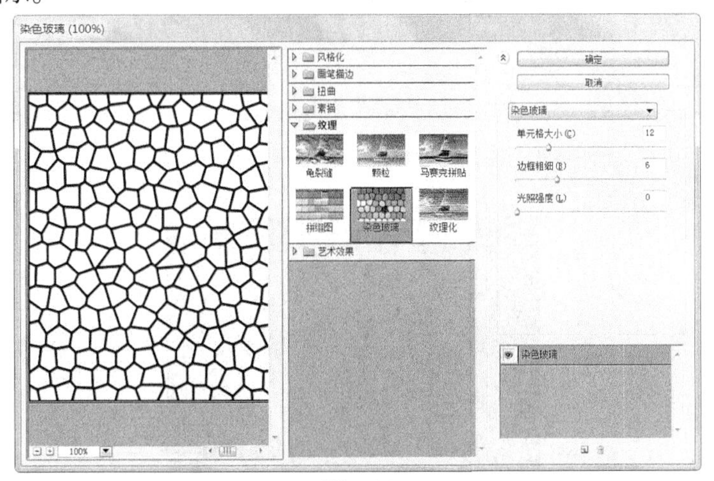

图 4-36

（3）创建图层 2 并填充白色。按【Ctrl+F】组合键，重复上一步操作。将图层 2 的不透明度设为："50%"。合并图层 1 和图层 2。得到效果图如图 4-37 所示。

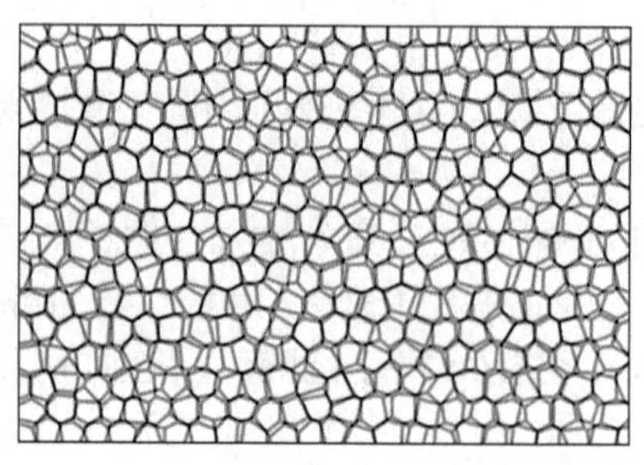

图 4–37

（4）执行【滤镜】|【杂色】|【添加杂色】命令，数量："11"、"平均分布"、"单色"。

（5）按【Ctrl】键单击图层 2 缩略图，按【Ctrl+C】组合键。创建新通道"Alpha 1"，按【Ctrl+V】组合键，把刚才复制的内容粘贴到新建的通道中。

（6）新建一个图层，填充深灰色。

（7）执行【滤镜】|【渲染】|【光照效果】命令。第一个光照类型："点光"，纹理选择 Alpha 1 设置，如图 4-38 所示。新添加 4 个光源，光照类型："全光源"，调节每个的光的强度，设置如图 4-39 所示。得到效果如图 4-40 所示。

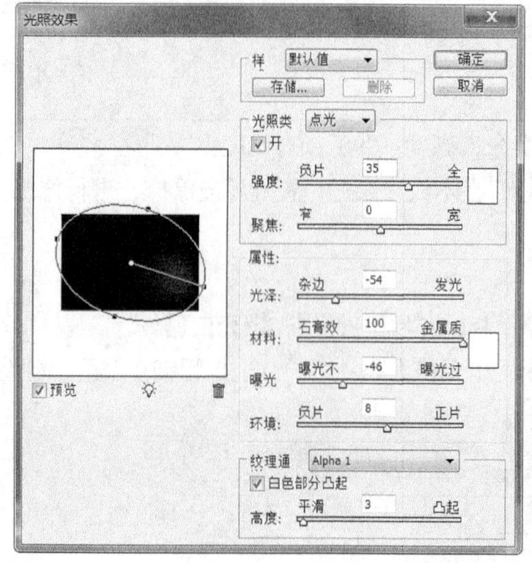

图 4–38

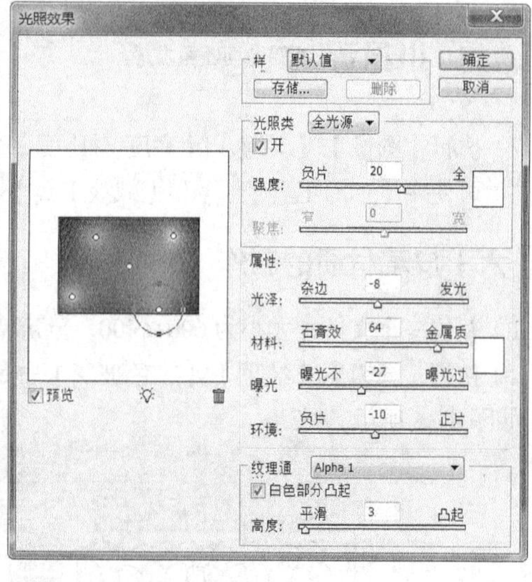

图 4–39

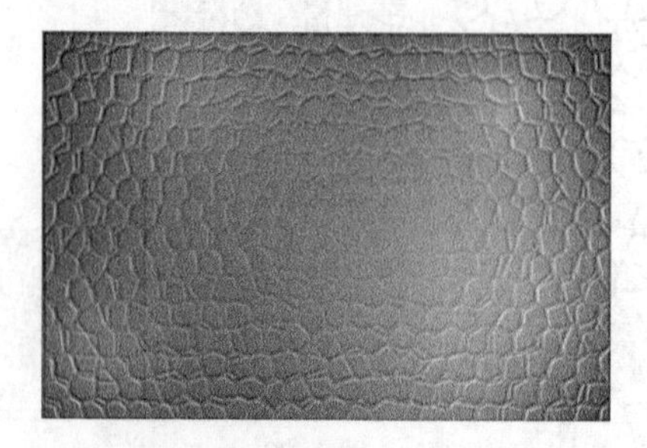

图 4–40

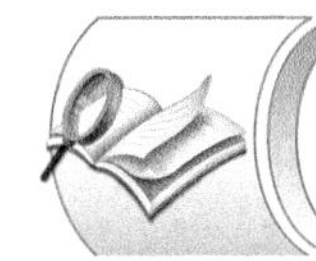

小提示 多个光源的添加可以直接拖动小灯泡。

（8）添加调整图层【色相/饱和度】，调整如图 4-41 所示。效果如图 4-42 所示。

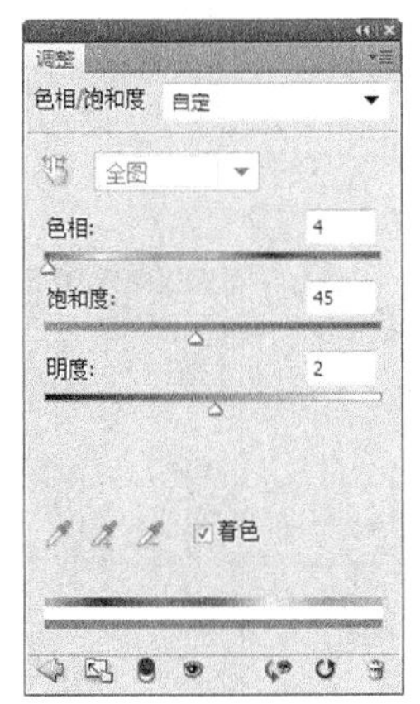

图 4–41

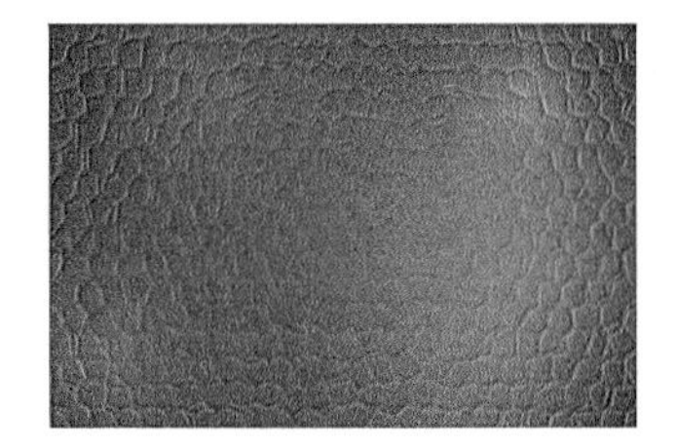

图 4–42

（9）截取其中的一部分，继续添加调整图层“曲线”以得到不同的效果，如图 4-43（a）、图 4-43（b）和图 4-43（c）所示。

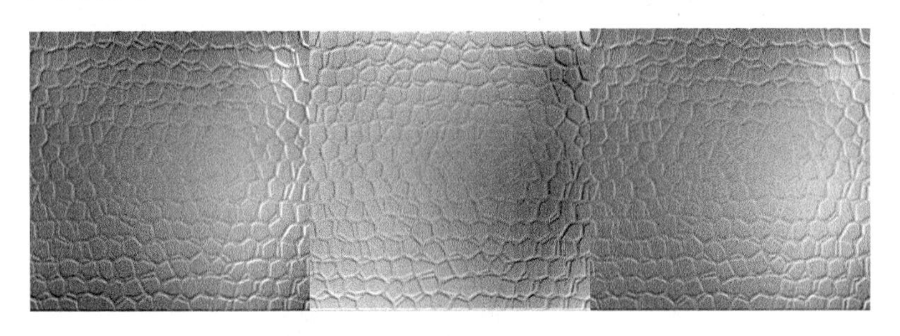

图 4–43（a） 图 4–43（b） 图 4–43（c）

任务二 制作多个褐色木框门牌

任务描述

本任务是在任务一的基础上为门牌加上外边框，并以此作为模板制作多个门牌。

最终效果如图 4-44 所示。

门牌效果图 518.jpg

门牌效果图 519.jpg

门牌效果图 520.jpg

门牌效果图 521.jpg

门牌效果图 522.jpg

图 4–44

任务分析

（1）熟悉 Photoshop 的内置动作。

（2）能够根据需要录制动作并加以运用。

（3）能够使用动作工具批处理来快速完成门牌制作。

任务实施

（1）按【Alt+F9】组合键，打开动作调板。单击【创建新组】按钮，名称为"门牌制作"；单击【创建新动作】按钮，名称为"效果图一张"，组为"门牌"。

此时动作调板的【开始记录】按钮是"红色"状态，表示以下操作为动作记录，如图 4-45 所示。

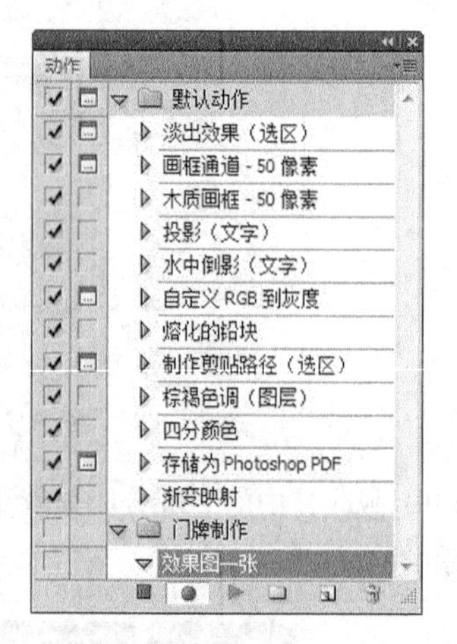

图 4–45

（2）制作不锈钢拉丝门牌。重复任务一操作任务中（1）~（13）。

（3）使用动作调板制作门牌的木框效果。

按住【Ctrl】键单击"不锈钢拉丝"图层缩略图，单击"背景"图层，按【Shift+Ctrl+I】组合键，创建选区。

打开动作调板中的【木质画框-50 像素】动作，按住【Ctrl】键选择以下动作，如图 4-46 所示。

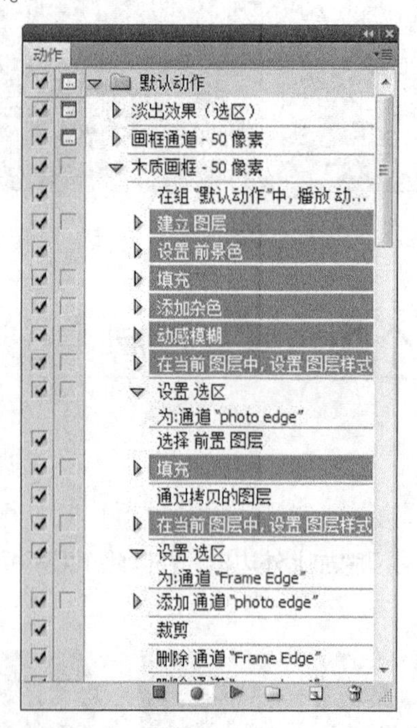

图 4–46

（4）单击动作调板底部的【播放选定的动作】按钮，效果如图 4-47 所示。

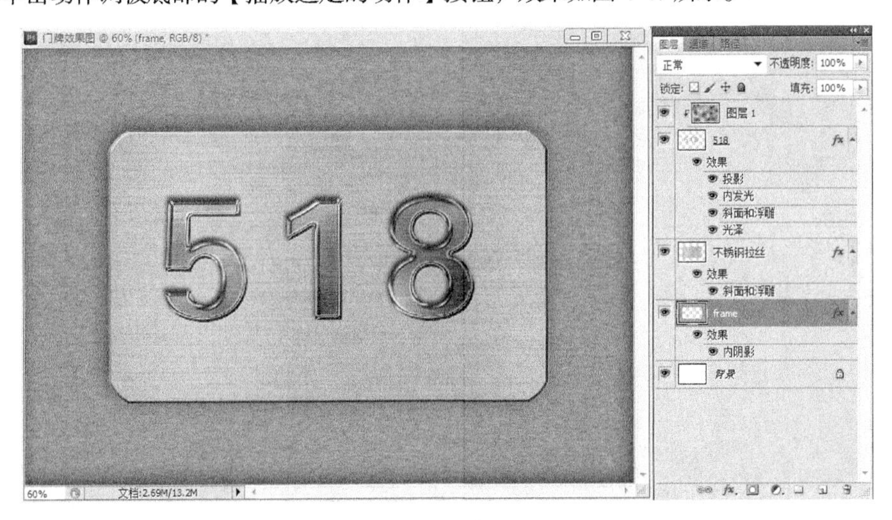

图 4–47

（5）拼合图像，存储并关闭文件，格式“JPEG”，位置“\项目四”。

（6）单击【创建新动作】按钮，名称为“新建文件”，组为“门牌制作”。如图 4-48 所示。

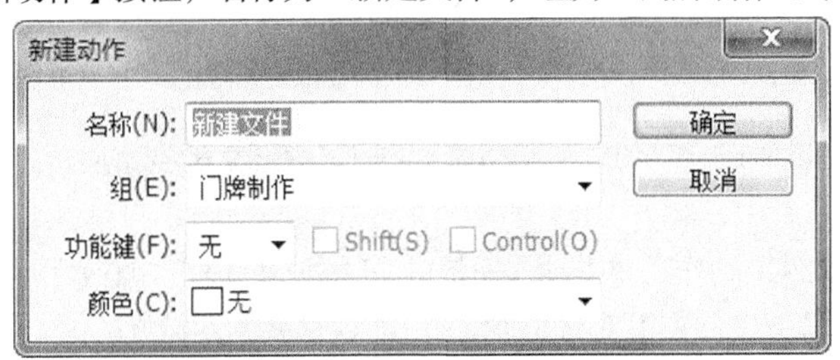

图 4–48

（7）按【Ctrl+N】组合键，设置如图 4-49 所示。

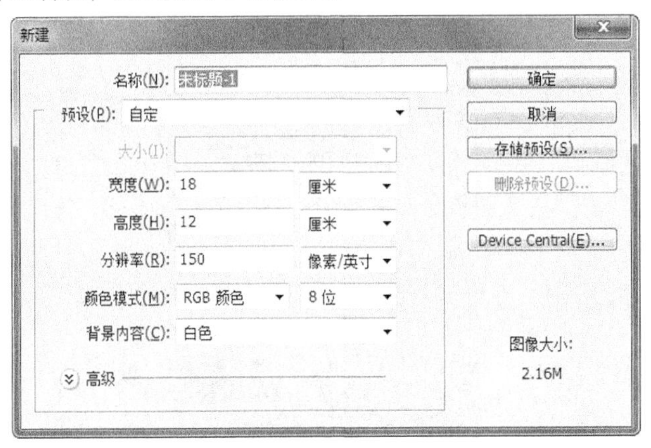

图 4–49

（8）按【Shift+Ctrl+S】组合键，格式“JPEG”，位置“\项目四\源”。按【Ctrl+W】组合键关闭当前编辑的文件。

（9）单击动作面板的【停止】按钮。单击新建文件动作中“存储”前的【切换对话开关】按钮。如图 4-50 所示。

图 4-50

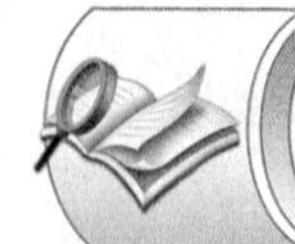

小提示 因为创建不同的文件，所以暂停该动作，进行文件名称的更改。

（10）选中“新建文件”动作，单击动作面板的 【播放】按钮，修改文件名，其他不变。重复这一操作两次。这样在“源”文件夹里就有 4 个空白 JPEG 格式的图像文件。

（11）单击“效果图一张”动作中“建立文本图层”前的【切换对话开关】按钮，如图 4-51 所示。

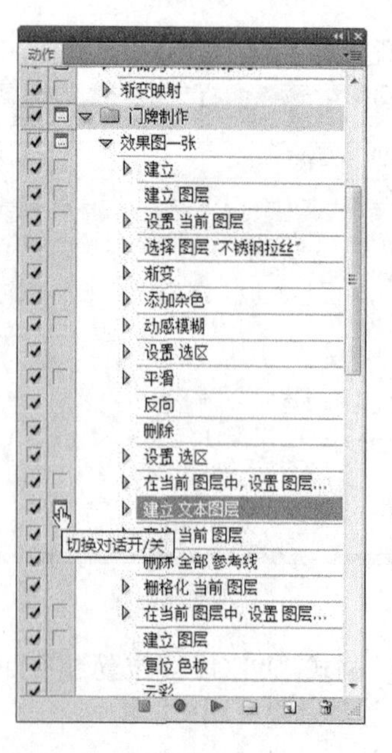

图 4-51

（12）执行【文件】|【自动】|【批处理】命令，设置批处理对话框如图 4-52 所示。

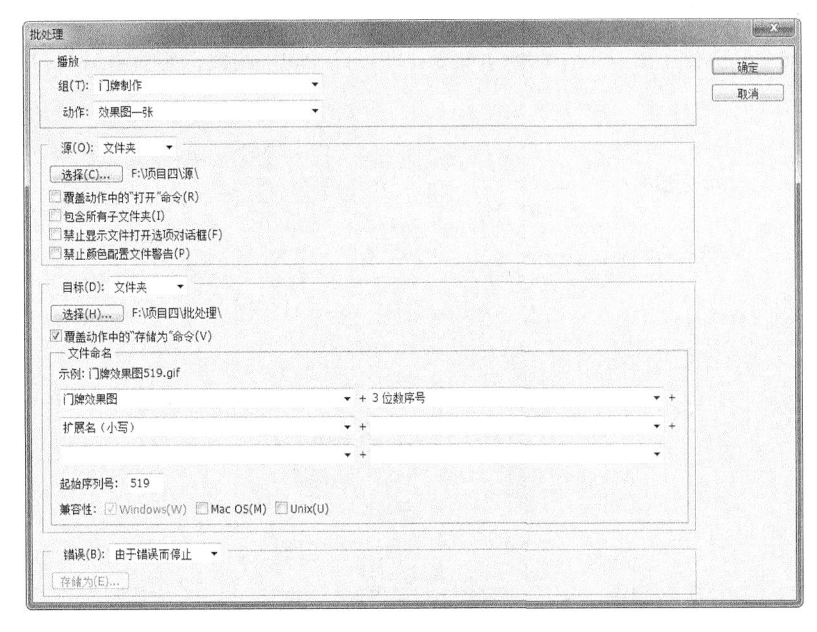

图 4–52

（13）执行到文字时，分别将“518”改为“519”、“520”、“521”、“522” 继续执行，得到效果图如图 4-53 所示。

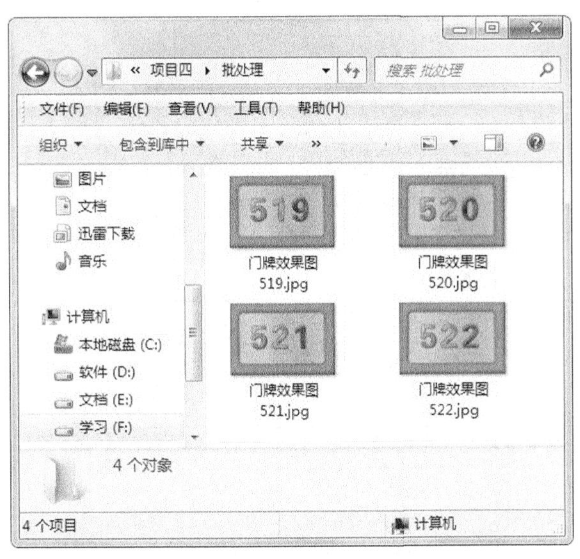

图 4–53

新知解析

动作调板

在动作调板中创建的动作可以应用于其他与之模式相同的文件中，这样便可节省大量的时间。

（一）打开动作调板

（1）菜单命令，执行【窗口】|【动作】命令，即可打开动作调板，如图 4-54（a）和图 4-54（b）所示。

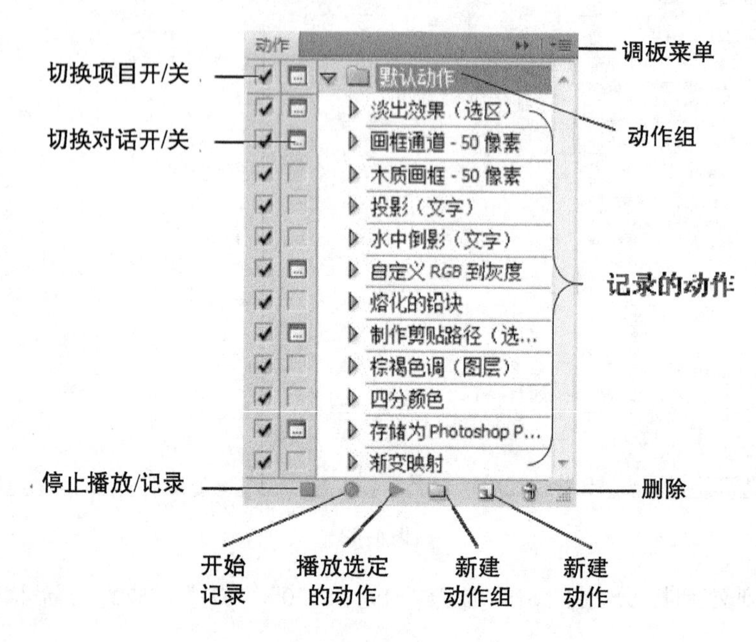

图 4-54（a）

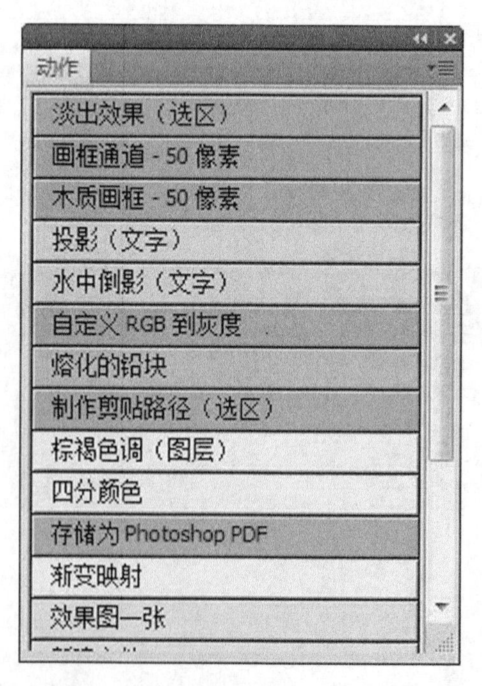

图 4-54（b）

（2）快捷键：【Alt+F9】。

（二）动作调板介绍

（1）切换项目开关：当调板中出现该图标时，表示该图标对应的动作组、动作或命令可以使用；当调板中该图标处于隐藏状态时，表示该图标对应的动作组、动作或命令不可使用。

（2）切换对话开关：当调板中出现该图标时，表示该动作执行到该步时会暂停，并打开相应的对话框，设置参数后，可以继续执行以后的动作。

小提示 当动作前面的切换对话开关图标显示为红色时，表示该动作中有部分命令设置了暂停。

（3）新建动作组：创建用于存放动作的组。

（4）播放选定的动作：单击此按钮可以执行对应的动作命令。

（5）开始记录：录制动作的创建过程。

（6）停止播放/记录：单击该按钮可完成记录过程。

小提示 【停止播放/记录】按钮只有在开始录制后才会被激活。

（7）弹出菜单：单击此按钮将打开动作调板对应的命令菜单。

（8）动作组：存放多个动作的文件夹。

（9）记录的动作：包含一系列命令的集合。

（10）新建动作：单击该按钮会创建一个新动作。

（11）删除：可以将当前动作删除。

小技巧 在动作调板中有些鼠标移动是不能被记录的。例如，它不能记录使用画笔或铅笔工具等描绘的动作。但是，动作调板可以记录文字工具输入的内容、形状工具绘制的图形和油漆桶进行的填充等过程。

（三）动作调板运用

Photoshop 提供了大量的内置动作，利用它们可以轻松制作出多种图像效果。

1. 应用系统动作

（1）打开要应用动作的图像。

（2）单击动作调板右上角的按钮，在弹出的调板菜单中选择系统内置的动作文件，将其加载到动作调板中。

（3）单击某个动作文件右侧的按钮展开该文件，然后选择要应用的动作，再单击调板底部的【播放选定的动作】按钮即可应用该动作，创建与应用自定义动作。

2. 创建动作组

（1）打开动作调板，单击调板底部的【创建新组】按钮，打开新建组对话框，在其中设置动作组名称，单击【确定】按钮，新建一个动作组。

（2）单击动作调板底部的【创建新动作】按钮，打开新建动作对话框，在其中输入动作的名称、功能键以及选择保存动作的组，单击【记录】按钮，即可新建一个动作，此时将自动进入动作录制状态。

3. 在动作中添加命令

在录制动作时，用户可在动作中插入停止命令，以便在执行动作过程中可以手工调整图像。

（1）在“动作”调板中选择要在其后插入停止操作的命令，然后单击调板右上角的按钮，从弹出的菜单中选择【插入停止】命令。

（2）在打开的“记录停止”对话框中，输入作为以后执行停止命令时弹出的暂停对话框的提示文本。单击【确定】按钮，即可在选定的命令后添加停止命令。

任务拓展

利用提供的素材，尝试制作如图 4-55 所示的门牌效果图。

图 4–55

项目评价反馈表

技能名称	分 值	评分要点	学生自评	小组互评	教师评价
金属材质的制作	1	材质感十足			
动作调板的使用	2	录制动作并运用			
批处理的运用	2	生成多个门牌			
项目总体评价					

项目五　制作茶楼宣传单页

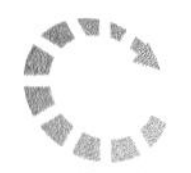

【岗位设定】

广告公司的印前平面设计师。

【项目描述】

设计内容："故道轩"茶楼宣传单页设计。

客户要求：为茶楼"故道轩"设计双面宣传单页，成品尺寸为 216 mm × 281mm，要求设计具有中国茶文化特色，能够展示品茶悟人生、以茶会友的特点，能为茶楼起到宣传推广的作用。

最终效果如图 5-1 所示。

图 5-1

宣传单页是直销广告的一种，精美的宣传单页，可清楚明了地展现企业的视觉风貌。好的宣传单页图文并茂、色彩鲜明，用生动的语言、独特的图文色彩，有效地将企业的内在信息传达给受众目标，对宣传活动和促销商品有着重要作用。本项目以茶楼宣传单页为例，详细地讲解宣传单页的设计特点和制作技巧。

任务一 设计宣传单页 A 面

任务描述

本任务是为茶楼设计广告宣传单页 A 面。在宣传单页设计上要求通过茶文化特色展示以及文字描述，体现出绿色、健康、阳光的茶楼风貌，能够使人产生代入感，达到“我要喝”的宣传目标。

最终效果如图 5-2 所示。

图 5-2

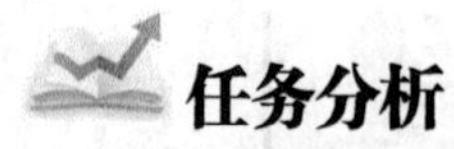

任务分析

（1）了解纸张的裁切尺寸和分类。

（2）能够根据要求正确设置页面尺寸。

（3）掌握宣传单页应注意的问题。

（4）能够准确使用参考线进行图像定位。

（5）能够熟练地进行图层的排版。

任务实施

（1）按【Ctrl+N】组合键新建文件，命名为“宣传单页 A”，宽度：216mm，高度：291mm，分辨率为 300 像素/英寸，颜色模式为 CMYK 模式。

小提示 宣传单页一般采用 16 开纸张，16 开大小为 210mm × 285mm，宣传单页各边要留出 3mm 的出血值，所以文件大小设置为 216mm × 291 mm。

（2）按【Ctrl+R】组合键打开标尺，执行【视图】|【新建参考线】命令，分别建立水平 3mm、垂直 3mm、水平 288mm、垂直 213mm 的参考线。

小提示 默认的参考线单位是像素，要想设置其他单位的参考线，可以双击标尺，在弹出的【首选项】对话框中，选择“单位与标尺”项，在标尺的下拉列表中选择合适的单位，如图 5-3 所示。本任务中选择“毫米”，这时显示的标尺单位便发生了更改，就可以创建单位为 mm 的参考线。

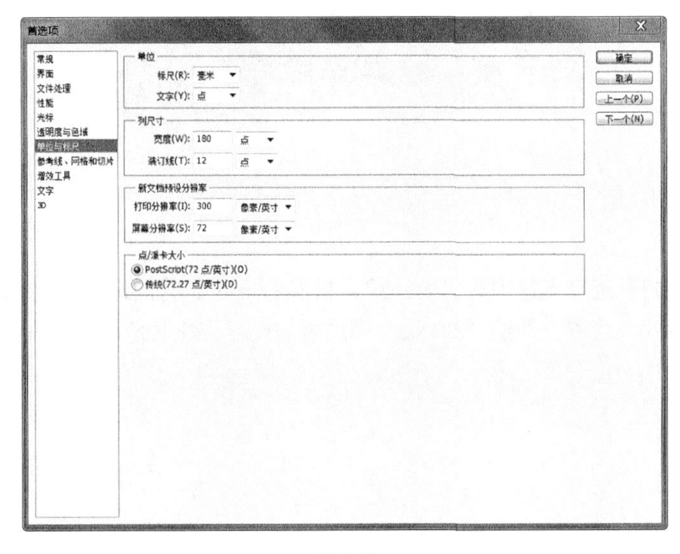

图 5–3

（3）设置前景色“CMYK：9，0，17，0”，按【Alt+Del】组合键填充。

（4）建立水平 260mm 参考线，打开配套光盘中的“项目五\素材\背景 1.jpg”，将景物拖曳至“宣传单页 A”中，调整大小及位置（底部对齐刚建立的参考线），并设置该图层混合模式为：变暗，如图 5-4 所示。

图 5–4

（5）打开配套光盘中的“项目五\素材\茶壶.psd”，将茶壶拖曳至“宣传单页 A”中，调整大小及位置，如图 5-5 所示。

图 5–5

（6）添加商标。打开配套光盘中的“项目五\素材\商标.psd”，将商标 1、商标 2 分别拖曳至“宣传单页 A”中，调整大小及位置，并给“商标 2”图层添加投影、外发光效果，如图 5-6 所示。

图 5–6

（7）打开配套光盘中的“项目五\素材\茶香.png”，将文字拖曳至“宣传单页 A”中，调整大小及位置，并将图层商标 2 的图层样式复制给茶香图层，如图 5-7 所示。

图 5-7

操作提示 对多个图层进行相同的图层样式设置时，不需要一个个地重复操作，可以先设置其中的一个图层样式，然后右键单击该图层，选择“复制图层样式”，再一一右键单击需要添加样式的图层，选择“粘贴图层样式”命令。

（8）将素材中的“茶杯”添加到“宣传单页 A”中，调整大小及位置。

（9）添加文字。

① 输入直排文字“【传承茶文化】”“【品茶 品生活】”，设置字体大小及颜色。

② 输入横排文字：品茶热线以及两个店铺的地址，设置字体以及颜色。将此 3 个图层进行左对齐、居中垂直对齐，并进行链接，如图 5-8 所示。

图 5-8

（10）导入地图。将素材中的“地图.jpg”添加进来，调整大小和位置，并设置投影图层样式，如图 5-9 所示。

图 5-9

（11）执行【文件】|【置入】命令，选择素材中“开业.eps”，调整大小和位置，进行斜切。并添加黄色描边效果，如图 5-10 所示。

图 5-10

（12）清除参考线，保存文件。效果如图 5-11 所示。

图 5-11

新知解析

重点难点解析：产品宣传单页设计注重推销该产品的性能和特点，要求设计师在制作宣传单页时对该产品有一定的了解，这样才能制作出引人注目的宣传单页。

一、宣传单页的基础知识

（一）宣传单页的构成要素

（1）标题：是表达广告主题的文字内容。应具有吸引力，能使读者注目，引导读者阅读广告正文，观看广告插图，标题要用较大号文字，要安排在广告画面最醒目的位置，应注意配合插图造型的需要。这个标题应该是宣传单印刷设计的最重要要素。

（2）正文：宣传单页正文是说明广告内容的文体，基本上是标题的发挥。正文具体叙述真实的事实，使读者心悦诚服地走向广告宣传的图标。正文文字居中，一般都安排在插画的左右或上下方。正文是宣传单印刷设计内容最多的一块，这个同样也不容忽视。

（3）宣传语：宣传语是配合标题、正文加强商品形象的短语，应顺口易记，宣传语要言简意赅，在设计时可放在版面的任何位置。

（4）图片：彩色版鲜艳绚丽，黑白版层次丰富，可印制各种照片，图案和详细的说明文字，图文并茂，有形有色,具有较强的艺术感染力和诱惑力，突出主题，与标题相配合。

（5）标志：标志有商品标志和企业形象标志两大类。在宣传单页设计中，标志不是版面的装饰物，而是重要的构成要素，在整个宣传印刷设计的版面广告中，标志造型最单纯、最简洁，其视觉效果最强烈，能给消费者留下深刻的印象。

（6）公司名称：一般放在广告版面的下方次要的位置，也可以和商标组合在一起。

（7）色彩：用色彩的表现力，增强广告的注目效果。从整体来说，有时为了塑造更集中、更强烈、更单纯的广告形象，以加强消费者的认识程度，便可针对具体情况对上述某一个或几个要素进行夸张或强调。

（二）宣传单页的特点

宣传单页是商业贸易活动中的重要媒介，它通过各种方式向消费者传达商业信息。宣传单页区别于传统的广告刊载媒体，自成一体，无需借助其他媒体，不受其他媒体的宣传环境、公共特点、信息安排、版面、印刷和纸张等限制，是非媒介性广告。

传统广告刊载媒体贩卖的是内容，然后再把发行量二次贩卖给广告主，而宣传单页则是直达目标消费者的广告通道。基于其特殊形式也使其具有了以下 4 大特点。

1. 针对性

宣传单页与其他媒介的最大区别在于它可以直接将广告信息传送给真正的受众，这使其具有了很强的针对性，它可以有针对性地选择目标对象，有的放矢，有效减少了广告资源的浪费。

2. 灵活性

宣传单页的设计形式无法则，可视具体情况灵活掌握、自由发挥、出奇制胜。它更不同于报纸杂志广告，宣传单页广告的广告主可以根据企业或商家的具体情况来选择版面，并可自行确定广告信息的长短及印刷形式。

3. 持续时间长

宣传单页不同于电视广告，它是真实存在的可保存信息，能在广告受众作出最后决定前使其反复翻阅，并以此作为参照物来详尽了解产品的各项性能指标，直到最后作出购买或舍弃决定。

4. 广告效应良好

宣传单页是由工作人员直接派发或寄送的，故而广告主在付诸实际行动之前，可以参照人口统计因素和地理区域因素选择受传对象，以保证最大限度地使广告信息为受传对象所接受。与其他媒体不同的是广告受众在收到宣传单页后，基于心态驱使会想了解其内容，所以较之其他媒体广告更能产生良好的广告效应。

（三）宣传单页的设计种类

宣传推广是商业宣传单页的主要目的，在宣传单设计中应注意增强其宣传推广效果。一方面，应该通过提高宣传单设计的美观醒目效果吸引更多的受众，从而增强商业宣传单页的宣传效果，提高企业的知名度；另一方面，可将企业品牌文化、经营理念等内容融入到宣传单页制作设计中，加强企业文化和品牌建设，树立企业在消费者心中的正面形象。

1. 单片式

单片式是一种简易的印刷宣传品，单片为 32 开、16 开较多，此种尺寸携带方便，经济实惠。单片的保存期不长，主要用于促销等活动的宣传、新产品上市或新店开张等，具有强烈时效性，属于加强促销的强心针。其形式灵活多变，设计要求以凸显宣传内容为主。

2. 手风琴式

通常以折页形式为主，大部分采用 4 色印刷，设计规格一般为 6 开 6 折、8 开 2 折或 4 折、16 开 2 折或 3 折，内容视产品特点而定。设计要尽量精致美观，展示的产品应选择最佳角度，力求逼真和清晰，字体清秀，色调与内容和谐，以增加客户购买力为最终目的，如图 5-14 所示。

3. 插袋式

为了放置多种产品样张而设计成内袋式的一种样本，便于查阅和携带。

（四）宣传单页设计的要点

（1）突出名字，如图 5-12 所示。

图 5-12

（2）突出特色，如图 5-13 所示。

图 5–13

（3）突出定位，如图 5-14 所示。

图 5–14

（4）突出地图，如图 5-15 所示。

图 5–15

（5）突出服务，如图 5-16 所示。

图 5-16

（五）宣传单页设计注意的问题

（1）设计单页广告的出血线为 3mm。

（2）转换为 CMYK 模式。

（3）图像分辨率转换成 300dpi。

（4）使用的色纸能够突出字体效果，色彩不要太杂。

（5）设计文字的字号一般为整数。

（6）一个版面上的标题要有所变化，突出一个重点。

二、纸张的裁切尺寸及分类

（一）认识纸张的开度

（1）全开纸是指纸张制造出来时的原始大小。为了不浪费和统一大小，会对原始大小的纸张进行等比例的裁切。2 开就是整张纸的 1/2，4 开就是 1/4，依此类推。

（2）通常使用的尺寸有两个标准。一是大度：国际标准（889mm × 1194mm ）；二是正度：国内标准（787mm × 1092mm）见表 5-1。

在设计前要先选定纸张尺寸，因为印刷的机器只能使用少数几种纸张（通常是全开、菊全开），一次印完后再用机器切成所需大小，所以不要用下表以外的特殊规格，以免纸张印刷不满而浪费版面。

表 5-1

正度纸张	787mm × 1092mm	大度纸张	889mm × 1194mm
开本尺寸(正度）	单位（mm）	开本尺寸(大度）	尺寸 单位（mm）
全开	780 × 1080	全开	880 × 1180
对开	540 × 740	对开	570 × 840
4 开	370 × 540	4 开	420 × 570
8 开	260 × 370	8 开	285 × 420

续表

正度纸张	787mm × 1092mm	大度纸张	889mm × 1194mm
开本尺寸(正度）	单位（mm）	开本尺寸(大度）	尺寸 单位（mm）
16 开	185 × 260	16 开	210 × 285
32 开	185 × 130	32 开	210 × 142
64 开	130 × 92	64 开	105 × 142

（二）常见印刷品尺寸（单位：mm）

普通宣传册：标准尺寸（A4）210 × 285
三折页广告：标准尺寸（A4）210 × 285
文件封套：标准尺寸 220 × 305
招贴画：标准尺寸 540 × 380
挂旗：标准尺寸 8 开 376 × 2 654 开 540 × 380
手提袋：标准尺寸 400 × 285 × 80
信纸 便条：标准尺寸 185 × 260 210 × 285
名片：90 × 55
信封：1 号 165 × 102
2 号 176 × 110
3 号 176 × 125
4 号 208 × 110
5 号 220 × 110
6 号 230 × 120
7 号 230 × 160
8 号 309 × 120
9 号 324 × 229
10 号 458 × 324

（三）纸张大小的具体设置

印刷的标准宣传单和样本，有出血和无出血的尺寸，见表 5-2。

由于机器要抓纸、走纸的缘故，所以纸张的边缘是不能印刷的，因此纸张的原尺寸会比实际规格要大，等到印完再把边缘空白的部分切掉，所以才会有全尺寸与裁切后尺寸的差别。如果海报故意要留下白边的话也可以选择不切。

表 5–2

尺寸表	无出血（mm）	带出血（mm）
标准 16 开宣传单	210 × 285	216 × 291
标准 8 开宣传单	420 × 285	426 × 291
标准 16 开样本	420 × 285	426 × 291
16 开三折页宣传单	210 × 285	216 × 291
注：成品尺寸=纸张尺寸—出血值		

三、单位、标尺、参考线

（一）单位

Photoshop CS5 中，图像的单位除了像素外，还有英寸、厘米、毫米、点、派卡和百分比等。

更改测量单位：在图像窗口右键单击标尺，从菜单中选择一个新单位；双击标尺或者执行【编辑】|【首选项】，选择【单位与标尺】一项，在单位区域进行设置。

（二）标尺

（1）功能：标尺可以帮助设计者精确定位，且能自动对齐所画图形的边缘。

（2）显示/隐藏标尺：【Ctrl+R】组合键。

（三）参考线

参考线可以精确确定图像和元素的位置，显示在图像上而不会被打印出来。在使用时可以移动和隐藏他们。为防止意外移动，可以锁定参考线。

（1）新建参考线：直接从水平或者垂直标尺中按住鼠标左键可以拖移创建参考线。也可以执行【视图】|【新建参考线】命令，选择方向并输入位置。

（2）锁定所有参考线：执行【视图】|【锁定参考线】命令，锁定的参考线不能移动。解除参考线的锁定，再次选择此命令。

（3）移动参考线：单击移动工具，并拖动参考线，可改变参考线的位置。

（4）清除所有参考线：执行【视图】|【清除参考线】命令。

四、置入文件

在 Photoshop CS5 中可以置入 Photoshop 支持的任何图像文件、其他程序设计的矢量图形文件（如 IIlustrator 的 AI 格式文件以及 EPS、PDP 文件）和 PDF 文件。置入的矢量素材将作为智能对象添加到 Photoshop 文档中，使用鼠标可以对其进行缩放、旋转和斜切等操作，并且不会降低图像的质量。

置入文件的操作方法如下。

（1）新建文件，大小为 800 × 600。

小提示 置入文件是将新的图像文件置入到打开的图像文件中。它和打开文件有所区别，置入文件只有在工作界面中已经存在图像文件的时候才能激活该命令。

（2）执行【文件】|【置入】命令，选择要置入的文件“素材\彩色线条.ai”，单击“置入”按钮，在弹出的“置入 PDF”对话框中选择要置入的“页面”或“图像”，如图 5-17 所示。

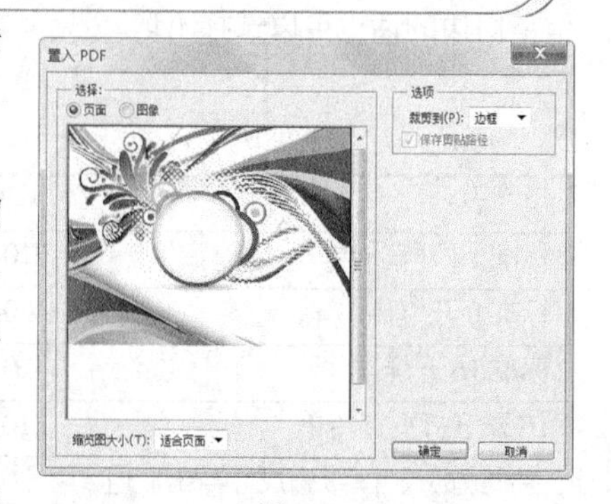

图 5-17

注意：①可以使用“缩览图大小”菜单，在预览窗口中调整缩览图视图。

“适合页面”选项用于在整个预览窗口中显示一个缩览图。如果有多个项目，则会出现一个滚动条。另外，还有“小”、“大”选项的设置。

②从“选项”下的“裁剪到”菜单中选取一项，指定要包

括文档部分如下。

外框：裁剪到包含页面所有文本和图形的最小矩形区域。此选项用于去除多余的空白。

媒体框：裁剪到页面的原始大小。

裁剪框：裁剪到 PDF 文件的剪切区域（裁剪边距）。

出血框：裁剪到 PDF 文件中指定的区域，用于满足剪切、折叠和裁切等制作过程中的固有限制。

裁切框：裁剪到为得到预期的最终页面尺寸而指定的区域。

作品框：裁剪到 PDF 文件中指定的区域，用于将 PDF 数据嵌入其他应用程序中。

（3）设置完成后，单击“确定”按钮，即可将文件置入，效果如图 5-18 所示。在图像的周围显示一个变换框。此时拖动 8 个变换框的任意一个点即可以调整图像的大小。

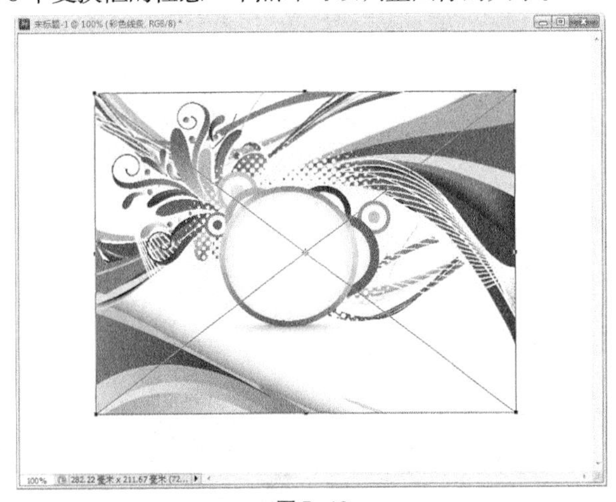

图 5–18

（4）单击选项栏中的【提交】按钮或按【Enter】键或者在变换框中双击，即可置入文件。置入的文件自动变成智能对象。该图层缩览图的右下角显示智能对象缩览图，如图 5-19 所示。

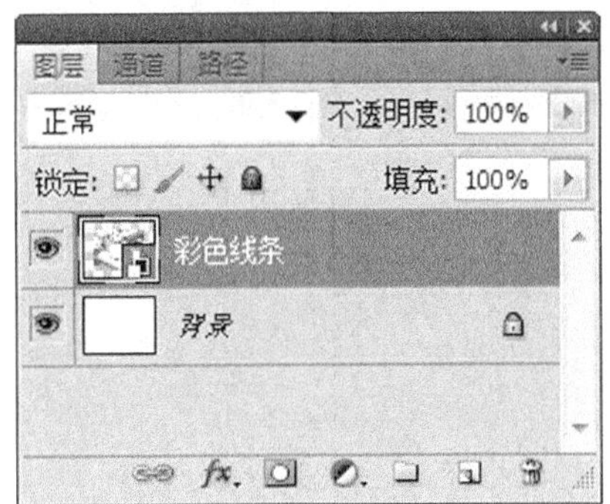

图 5–19

小提示

置入的是 PDF 或 Illustrator (AI) 文件，将显示“置入 PDF”对话框。如果置入的是 EPS 文件，将会直接将文件置入到图像中。

将图像转换为智能对象后，对其进行缩小变化，图像的像素不会有变化，但是转换为智能对象的图像是不能进行编辑的，需要栅格化图层后才能编辑。

任务二　设计宣传单页 B 面

任务描述

本任务是设计宣传单页 B。在宣传单页设计上，通过介绍各类茶的特点使消费者对本茶楼的经营品种有所了解，达到推广茶楼的目的。

最终效果如图 5-20 所示。

图 5–20

任务分析

（1）能对多个图层进行排版。

（2）熟练文字的排版设置。

（3）掌握宣传单页留白的运用。

任务实施

（1）新建文件，命名为："宣传单页 B"， 宽度：216 mm，高度：291mm，分辨率为 300 像素/英寸，颜色模式为 CMYK 模式。

（2）按【Ctrl+R】组合键打开标尺，执行【视图】|【新建参考线】命令分别建立水平 3mm、垂直 3mm、水平 288mm、垂直 213mm 的参考线。

（3）设置前景色“CMYK：9，0，17，0”，按【Alt+Del】组合键填充色彩。

（4）创建定位参考线：垂直 15mm、垂直 201mm、水平 15mm、水平 70mm、水平 276mm。

（5）打开配套光盘中的“项目五\素材\背景 2.jpg”，将景物拖曳至“宣传单页 B”中，调整大小及位置，如图 5-21 所示。

图 5-21

（6）将素材中的“碧螺春”“西湖龙井”“铁观音”“坦洋工夫”“毛尖”添加到“宣传单页 B”中，调整其位置，并设置其对齐以及分布，如图 5-22 所示。

图 5-22

（7）新建图层，创建一固定大小的矩形框：500 × 400，并填充白色。新建图层，创建一固定大小的矩形框：500 × 90，并填充灰色。选择这两个图层，设置“顶对齐”“左对齐”，然后合并两个图层。效果如图 5-23 所示。

图 5-23

（8）复制“图层 3”4 次，调整位置，进行排列分布，效果如图 5-24 所示。

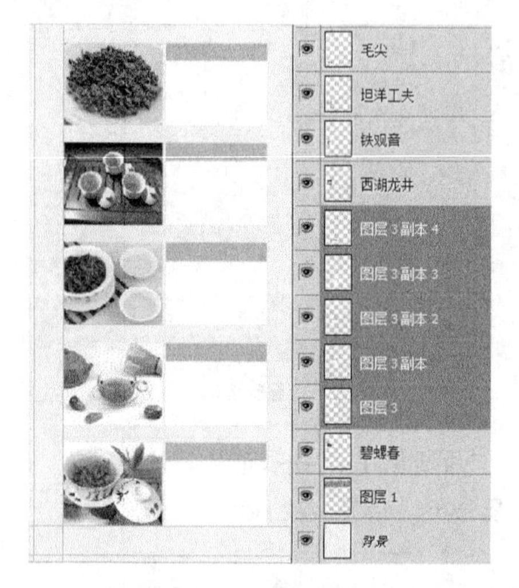

图 5-24

（9）为“碧螺春”添加文字说明。打开素材中的“茶简介.doc”文件。

① 添加茶种类标题：选中图层 3，单击“横排文字工具”，设置字体：华文隶书，字号：16，字体颜色：白色，输入“碧螺春”，设置投影样式。

② 添加茶简介文字：复制“茶简介.doc”文件中关于碧螺春的介绍文字，单击“横排文字工具”，在白色区域拖曳出文字区域，如图 5-25 所示。设置字体：华文隶书，字号：9，字体颜色：黑色，粘贴文字。设置行距为：14 点，首行缩进：18 点。效果如图 5-26 所示。

图 5-25　　　　图 5-26

（10）参考步骤（9）分别为“西湖龙井”“铁观音”“坦洋工夫”和“毛尖”添加说明文字。效果如图 5-27 所示。

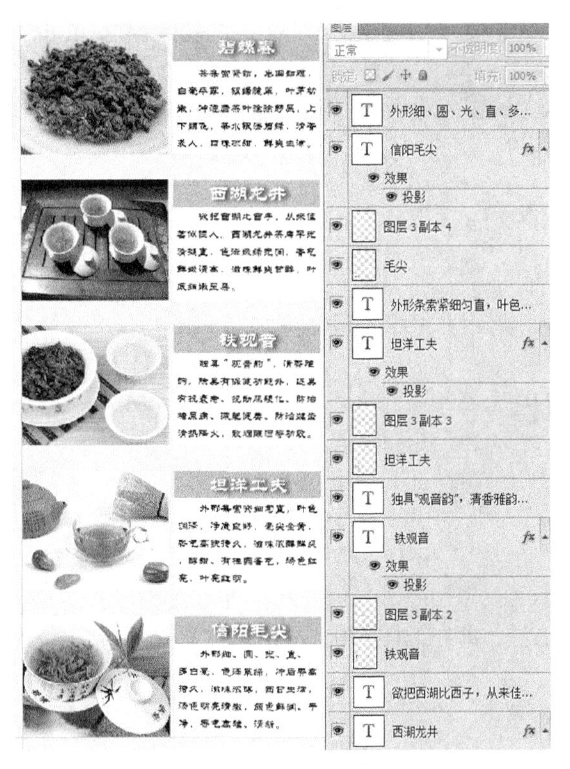

图 5–27

（11）参考步骤（6）~（10），加入素材中的“崂山绿茶”“黄山毛峰”“普洱茶”“猴魁”和“武夷岩茶”，并为其添加说明文字。效果如图 5-28 所示。

图 5–28

（12）添加标题文字“茶品推介”，字体：方正姚体，字号：60 点，颜色：白色，如图 5-29 所示。

图 5-29

（13）清除参考线，保存文件。

新知解析

一、文字排版设计

（一）输入文字

1. 输入单行文字

采用直接输入文字的方法，即在工具栏中选择相应的文字工具，定位光标，直接输入。

2. 输入多行文字

采用输入段落文字的方法，即在工具栏中选择相应的文字工具，在图像窗口中拖动出一个矩形框，在矩形框中输入文字，文字根据宽度和高度自动换行。

（二）文字属性设置

文字输入之前或者是文字输入之后都可以利用“字符”面板对文字属性进行设置，利用“段落”面板进行段落属性设置。参考项目二图 2-56 和图 2-57。

（三）文字排版中应注意的问题

（1）提高文字的视觉性：文字想表达的内容清晰、醒目，选择恰当的字体。
（2）突出重点：文字要有所侧重，突出一个主题。
（3）富有美感：文字在画面中的布局要合理，使其能给人以视觉上的享受。
（4）追求创造性：突出文字设计的个性化，创造与众不同的字体字形，增强视觉冲击力。

二、图层排版

（一）图层的排列

Photoshop 图像一般由多个图层组成，并按建立的顺序叠放在一起（先建立的图层在下面，后建立的图层在上面），而图层的叠放次序直接影响图像显示效果。在图像编辑时，可以调整图层的叠放次序来改变图像的最终显示效果。其调整方法有以下几种。

（1）鼠标：在“图层”调板中用鼠标拖曳要移动的图层到相应的位置可改变其排列顺序。

（2）菜单命令：选择要调整顺序的图层，执行【图层】|【排列】中相应的命令，如图 5-30 所示，可以调整图层的顺序。

置为顶层(F)	Shift+Ctrl+]
前移一层(W)	Ctrl+]
后移一层(K)	Ctrl+[
置为底层(B)	Shift+Ctrl+[
反向(R)	

图 5-30

小提示 “反向”命令将选择的多个图层的顺序进行反转。如果未选择至少两个图层，则此选项会变暗显示。

（3）快捷键：选择要调整的图层，按以下组合键可快速调整图层的顺序。

【Shift+ Ctrl+]】：将当前图层调整为顶层。

【Shift+ Ctrl+[】：将当前图层调整为底层。

【Ctrl+]】：将当前图层前移一层。

【Ctrl+[】：将当前图层后移一层。

（4）实例运用：如图 5-31 所示图像，车压着树木，经过调整使树木为车遮阴，如图 5-32 所示。

图 5-31

图 5-32

（二）图层的对齐

（1）对齐方式：顶对齐、垂直居中对齐、底对齐、左对齐、水平居中对齐、右对齐。

（2）对齐方法：在“图层”调板中选择要进行对齐的多个图层，至少两个图层，执行【图层】|【对齐】中相应的命令，如图 5-33 所示，可以调整图层的对齐方式。

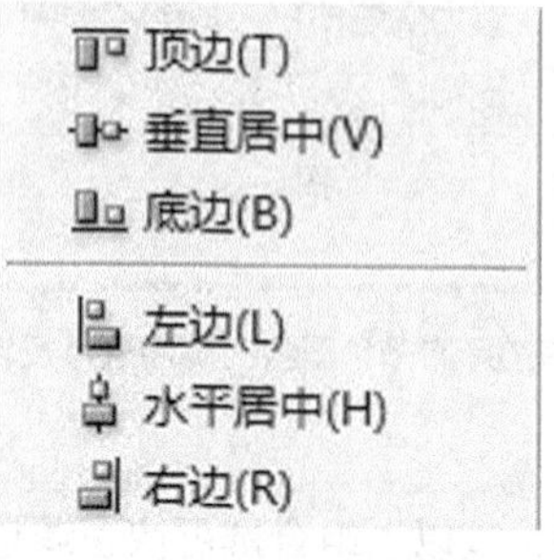

图 5–33

（三）图层的分布

（1）分布方式：按顶分布、垂直居中分布、按底分布、按左分布、水平居中分布、按右分布。

（2）分布方法：在“图层”调板中选择要进行分布排列的多个图层，至少 3 个图层，执行【图层】|【分布】中相应的命令，如图 5-34 所示，可以调整图层的分布方式。

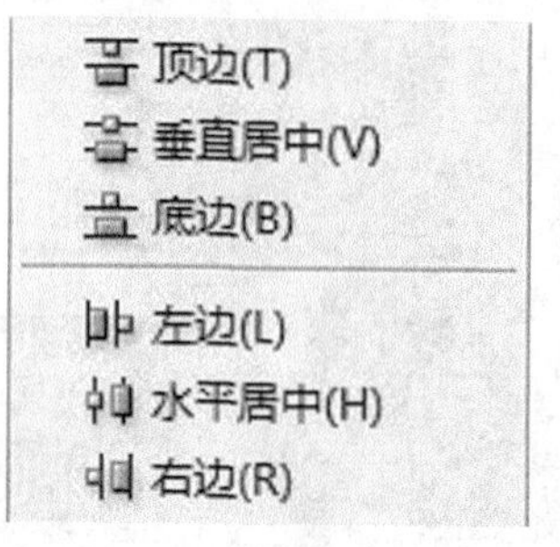

图 5–34

小提示 图层的对齐和分布可以在选择图层后，使用“移动工具”选项栏中的按钮来进行设置。如图 5-35 所示。

图 5–35

（四）自动对齐图层

在拍摄大面积的风景照时，往往会由于相机本身的局限和拍摄位置、角度等选择的不恰当而无法将想要放置在一张照片中的画面全部融入到取景框中，这时就可以水平移动或转动相机，在同一高度或位置上分别拍摄画面的每个部分，然后使用 Photoshop 中的“自动对齐图层”功能，将拍摄的单个图像拼接为整幅的图像。

自动对齐图层利用增强的自动对齐图层指令，建立精确构图。可以指定一个图层作为参考层，其他图层将与参考图层对齐，以便使匹配的内容自动进行叠加，以前所未有的精准度对齐图层。下面以实例介绍其用法。

（1）打开要自动对齐图层的图像。打开素材中的“图一.jpg”、“图二.jpg”、“图三.jpg”。新建一个图像文件，图像的高度与原稿尺寸相同，宽度为原稿尺寸的 3 倍。然后将图一、图二和图三复制到此图文件中，并将图一、图二和图三按从左向右的顺序摆好，如图 5-36 所示。

图 5-36

（2）在“图层”调板中，通过锁定某个图层来创建参考图层。如果未设置参考图层，Photoshop 将分析所有图层并选择位于最终合成图像的中心的图层作为参考图层。

（3）选中 3 个图层，然后执行【编辑】|【自动对齐图层】命令，打开“自动对齐图层”对话框，如图 5-37 所示。

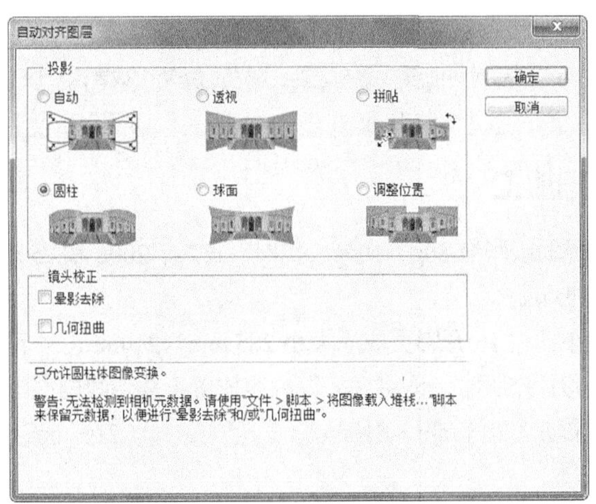

图 5-37

① 投影选项中包括 6 项设置，具体如下。

自动：通过分析源图像并应用“透视”或“圆柱”版面（取决于哪一种版面能够生成更好的复合图像）。

透视：通过将源图像中的一个图像指定为参考图像来创建一致的复合图像。然后将变换其他图像（必要时，进行位置调整、伸展或斜切），以便匹配图层的重叠内容。

圆柱：通过在展开的圆柱上显示各个图像来减少在“透视”版面中会出现的“领结”扭曲。图层的重叠内容仍匹配，将参考图像居中放置，最适合于创建宽全景图。

球面：将图像与宽视角对齐（垂直和水平）。指定某个源图像（默认情况下是中间图像）作为参考图像，并对其他图像执行球面变换，以便匹配重叠的内容。

场景拼贴：对齐图层并匹配重叠内容，不更改图像中对象的形状。

仅调整位置：对齐图层并匹配重叠内容，但不会变换（伸展或斜切）任何源图层。

② 镜头校正自动校正以下镜头缺陷。

“晕影去除”：对导致图像边缘（尤其是角落）比图像中心暗的镜头缺陷进行补偿。

“几何扭曲”：补偿桶形、枕形或鱼眼失真。

（4）选择合适的对齐选项，本例选择“自动”项，单击“确定”按钮，Photoshop 会自动对齐，效果如图 5-38 所示。

图 5-38

小提示 使用“自动对齐图层”命令之前，必须选择两个或者两个以上的图层。

三、单页设计后期加工

（1）纸张：常用可选择的纸张有 80g、105g、128g、157g、200g 和 250g 等。纸张的类型除铜版纸外尚可选择双胶纸及艺术纸印刷。

（2）标准彩页成品大小：大 16 开彩页成品大小 285 mm×210mm。

（3）彩页排版方法：彩页排版时，请将文字等内容放置于裁切线内 5mm，彩页裁切后才更美观。

（4）彩页样式：横式彩页（285 mm×210mm）、竖式彩页（210 mm×285mm）、折叠彩页（对折、荷包折、风琴 2 折）。

（5）彩页格式要求：请将图像存成 TIF 或 JPG 格式，文件分辨率在 300dpi 以上。

（6）色彩模式设为 CMYK 模式。

（7）线条低于 0.076mm，印刷将无法显现，需设定不小于 0.076mm。

（8）彩页制作尺寸为 291 mm×216mm，并将正面和反面分别存放。

四、宣传单页印刷中的注意事项

（1）设计完成之后应，先输出一张看一下效果，打样，感觉好了再去印刷。

（2）单页跨页印刷时，必须要求规格统一，色调一致；跨两页以上的，以中间一页色调为印刷基准。

（3）在同页面印刷时，如不能保持全色调统一时，可考虑局部印刷。

（4）宣传单页印刷时，尽量避免用辅助材料，以保证印刷质量。

任务拓展

根据提供的素材进行房地产宣传单页设计，如图 5-39 所示。要求如下。

（1）成品尺寸 210 mm × 285mm，只做正面。

（2）信息齐全、广告与广告画面准确、有针对性。

（3）体现创意。

图 5–39

项目评价反馈表

技能名称	分 值	评分要点	学生自评	小组互评	教师评价
参考线的设置	1	方法正确			
单页 A 的完成情况	2	图片处理精美			
单页 B 的完成情况	2	版面编排合理			
项目总体评价					

项目六　制作中国旅游宣传画册

【岗位设定】

具备一定美术设计和版面编排的平面设计师。

【项目描述】

设计内容：“中国旅游”宣传画册设计。

客户要求：企业宣传画册，成品尺寸为 210 mm × 280mm，要求设计具有中国文化特色，能够展示中国地大物博、旅游资源丰富的特点，能起到宣传推广的作用。

最终效果：如图 6-1 所示。

图 6–1

任务一　设计画册封面和封底

任务描述

本任务主要是“中国旅游”画册的封面和封底的设计，使用图层混合模式制作背景底纹效果，使用图层蒙版配合画笔工具制作画面主体图片，使用印章等具有中国风的元素装饰画面，整个画面整体大方简洁，色彩搭配简单和谐。

最终效果如图 6-2 所示。

图 6-2

任务分析

（1）熟悉封面装帧设计要素，并能合理安排并进行设计。

（2）能够正确设置页面尺寸，正确设置参考线。

（3）能够综合运用，熟练掌握 Photoshop 工具。

（4）了解 Photoshop 中图层编组的功能和应用。

（5）了解 Photoshop 的图层混合模式，并能正确使用。

任务实施

（1）画册的封面、封底可以设计在同一版面上，封面在右边，封底在左边。设计之前要确定好尺寸。本画册的尺寸为 210mm × 280mm，各边要留出 3mm 的出血值，因此封面与封底的宽度应为（210+210+3+3）mm，即 426mm；封面与封底的高度应为（280+3+3）mm，即 286mm。

操作提示 设置出血，即不留余白的印刷，是指在印刷中任何超过裁切或进入书槽的图像，在印刷过程中，由于装订裁切时会有误差，为了保证成品的完整、美观，往往需要在制作时把图像的边缘增加一些，供装订裁切时去掉，这些超出的部分被称为“出血”。通用的“出血”大小是 3mm，印刷品的每一个边都应该有 3mm 的内容预留给“出血”。

（2）创建页面。根据计算好的宽、高尺寸数据来创建页面。新建文件，文件名称为“封面封底”，大小为 426 mm × 286mm，分辨率为 300 像素/英寸，颜色模式为 CMYK 模式，如图 6-3 所示。

新建
名称(N): 封面封底
预设(P): 自定
大小(I):
宽度(W): 426 毫米
高度(H): 286 毫米
分辨率(R): 300 像素/英寸
颜色模式(M): CMYK 颜色 8 位
背景内容(C): 白色
高级
确定
取消
存储预设(S)...
删除预设(D)...
Device Central(E)...
图像大小:
64.8M

图 6-3

（3）设置参考线。参考线是为了设计方便，在设计页面中添加的参考线可用来定位和区分。在本任务中，参考线用来划分出血位置以及封面封底的界限。按【Ctrl+R】组合键打开标尺，从水平和垂直标尺分别拖出参考线，如图 6-4 所示。

图 6–4

操作提示 参考线的作用是确定对象的相对位置和大小，可以由标尺拖出任意参考线，文字等内容不要离参考线太近，避免在装订和裁切后影响阅读和美观。

（4）新建背景。打开配套光盘中的“项目六\素材\背景.jpg”和“封面封底\水纹.psd”，背景效果如图 6-5 所示。

图 6–5

（5）制作底纹效果。使用【移动工具】，将底纹移至背景画布中，按【Ctrl+T】组合键调整大小，并放置到画布的下方，将底纹的混合模式设置为“颜色加深”，不透明度设置为 40%，效果如图 6-6 所示。

图 6–6

（6）制作主体图片。打开配套光盘中的“项目六\素材\封面封底\封面图片.jpg”，将图片拖动到画面中，并缩小调整到合适位置，效果如图 6-7 所示。

图 6–7

（7）建立图层组。选中图层 2，按【Ctrl+G】组合键创建图层组，如图 6-8 所示。

图 6–8

（8）单击图层面板底部的【添加图层蒙版】按钮 ，为图层组 1 添加图层蒙版。将前景色设置为黑色，选择【粉笔】画笔，通过调整画笔大小在画面上涂抹，效果如图 6-9 所示。

图 6–9

（9）继续完善图像。按【Ctrl+J】组合键复制“图层 2”，并将“图层 2 副本”拖动到“组 1”的上方，如图 6-10 所示。

图 6–10

（10）使用【橡皮擦工具】，将画面中多余的部分擦掉，效果如图 6-11 所示，主体图像就制作完成了。然后，同时选中图层“组 1”与“图层 2 副本”，单击图层面板下的【链接图层】按钮，将选中的图层进行链接，如图 6-12 所示。

图 6–11

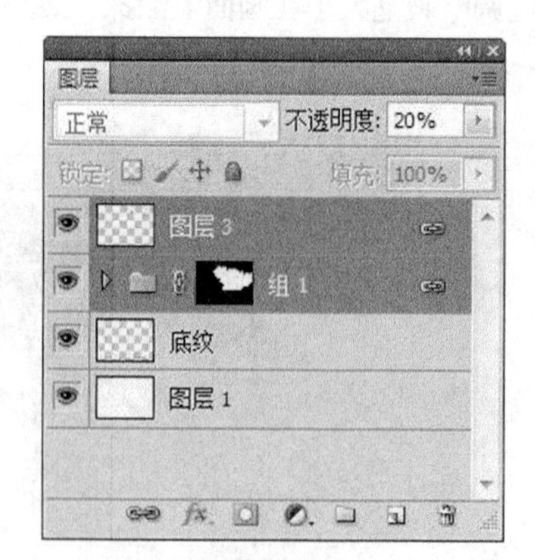

图 6–12

（11）添加“祥云”图案。打开套光盘中的“项目六\素材\封面封底\祥云.psd”，拖动到画布上，调整大小放置在合适的位置，修改图层的不透明度为 18%，效果如图 6-13 所示。

图 6-13

（12）设计制作封面标题及其他文字。使用【横排文字工具】在画布中输入标题文字“中国旅游”，将字体设置为钢笔行书（光盘素材中提供安装字体），字号 130 点，颜色黑色，放置在合适的位置，效果如图 6-14 所示。

图 6-14

（13）打开配套光盘中的“项目六\素材\封面封底\文字.txt”，将封面文字内容复制到画布上，文字大小设置为 11 点，文本行距 14 点，居中对齐，效果如图 6-15 所示。

图 6-15

（14）装饰标题文字。打开配套光盘中的“项目六\素材\封面封底\印章.psd”，将“印章 1”、“印章 2”分别拖放到画布上，将图案缩小放置在合适位置，效果如图 6-16 所示。按【Ctrl】键同时选中标题文字相关的图层，按【Ctrl+G】组合键，新建图层组 2，如图 6-17 所示。

图 6–16

图 6–17

（15）设计制作封底文字。使用【横排文字工具】T，文字大小设置为 23 点，颜色白色。选择工具箱中的【椭圆工具】，将前景色设置为 C：32；M：91；Y：89；K：0，然后将鼠标移至画布中，按【Shift】键同时按住鼠标拖动，绘制一个圆形图形，将刚绘制的图形，复制 3 份，横向拖动摆放到合适的位置，效果如图 6-18 所示。最后，将所有圆形图层选中，按【Ctrl+E】组合键合并，图层重命名为“圆形”。

图 6–18

（16）使用【竖排文字工具】IT，将封底文字内容复制到画布上，文字大小设置为 11 点，文本行距 15 点，颜色黑色，效果如图 6-19 所示。将封面中的图章 1 复制一份，拖动到封底合适的位置作为装饰。选中封底文字创建的相关图层，新建图层组 3。

图 6-19

新知解析

一、画册设计的基础知识

画册设计应该从企业自身的性质、文化、理念和地域等方面出发，来体现企业精神、传播企业文化、向受众群体传播信息。应用恰当的创意和表现形式来展示企业的魅力，这样的画册才能为消费者留下深刻的印象，加深对企业的了解。在创意的过程中，依据不同的内容、不同的诉求、不同的主题特征，进行优势整合，统筹规划，通过采用美学的点、线、面，既统一又有变化的视觉语言，高质量的插图，配以策划师的文字，能够全方位的展示企业的文化、理念、品牌形象。

（一）画册的版式设计

1. 画册设计的特点

在画册设计中，图片信息占据了设计主体，在多数画册中文字部分无论是从信息量还是体量上都会被弱化，图片有时会充斥整个页面或者大部分页面。有时会通过一定的形式法则合理安排图片，画册是以图形为视觉主题的版式设计。

2. 画册的编排方法

编排方法通常可分为集中、穿插和混合 3 种形式，或者 3 者皆有。
集中：将图片集中一起编排在版面中，优点是集中反映，形象鲜明，设计案例如图 6-20 所示。

图 6-20

穿插：把图片与文字进行混排，图文融合，可边读边看，意义表达直观，阅读理解效果理想，设计案例如图 6-21 所示。

图 6-21

混合式：集中上面两点的优点，多用于内容丰富，图片较多的刊物。多见于产品等宣传册，如图 6-22 中的整套画册设计。

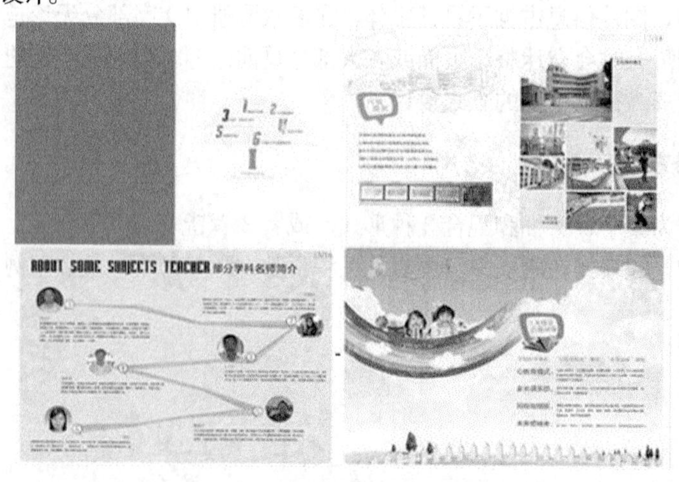

图 6-22

3. 文字的可图形化

一方面使图片与文字的相互关系更加生动呼应，另一方面为了打破图片衬底，文字压上的惯常模式。图形化分为两个层面：一是对段落文字轮廓的形态处理，如图 6-23 所示；二是文字本身的形态处理，如图 6-24 所示。

图 6–23

图 6–24

4. 无版心设计

对于大多数画册而言，版面的设计可以完全不受版心的限制，带来视觉的延伸感。局部文字的编排相对讲究，一放一收，一正一反，会产生很好的视觉感受，如图 6-25 所示。

图 6–25

5. 页面轮廓的异形化

通过现代的制作工艺，使常规的具有整齐尺寸的纸张形态进行改变，形成独特的视觉效果和心理感受，如图 6-26 所示。

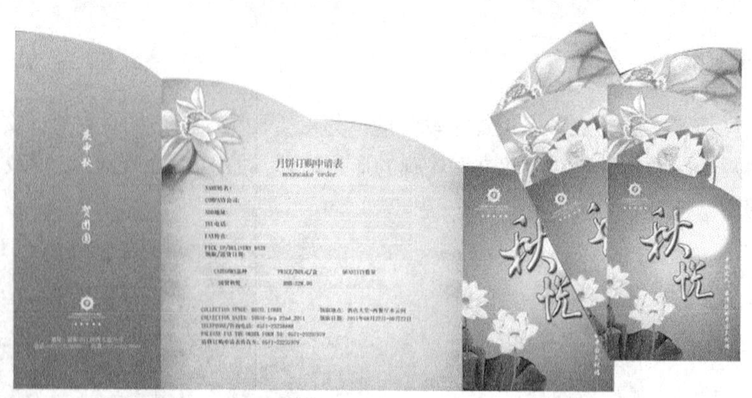

图 6-26

（二）画册设计的一般流程

1. 阅读书稿，了解目标受众

企业画册都有自己特有的客户群体，画册的内容和它的客户群体又决定了画册的设计风格。仔细阅读书稿，潜心研究客户群体，是设计师在进行画册设计之前最重要的准备工作。进行仔细地阅读和分析，一方面可以把握画册的主题思想、编写风格、文化背景；另一方面，只有进入画册，用心体会画册，才能做到真正了解画册的精神。

2. 深入市场，体会优胜劣汰

设计师需要了解市场，既要了解普通的商品市场，又要了解文化市场。通过对画册市场的观察和分析，了解市场所需求的重点是什么？当前的设计潮流是什么？市场中同类画册的价格定位是多少？设计风格有哪些新的变化？与同类画册相比，此书的特点和优势是什么？ 借助这些市场信息，激发设计灵感，帮助设计师对设计方向进行正确的判断。

3. 查阅资料，激发创作灵感

最常见的准备方式是查阅画册相关资料和翻看各种成功案例。对资料的分析研究，汲取成功的设计经验，是非常有必要的。画册是文化的载体，画册设计需要有文化的内涵，除了平时的积累，相关资料的借鉴，还应该注重民族文化传统的继承与发扬。设计师应该学会从各个方面寻找灵感和创作激情，只有将各类知识融会贯通，才有利于创作出适宜而又新颖独特的画册。

4. 充分沟通，促成设计成功

画册设计的客户有两个，一个是画册的作者，一个是画册的出版社，双方可能会同时对画册设计提出要求和希望，在这种情况下，设计师和两方的良好沟通也是设计成功的重要条件。

画册的受众广泛，作者对画册的熟悉以及出版社对市场的了解，决定了他们对画册设计提出的意见有特别重要的价值。设计师学要仔细聆听，需要有足够的耐心，仔细分析这些意见和建议，并结合自己的专业知识和技能，大胆提出自己的想法，把握好设计方向，避免造成设计的混乱。

（三）画册设计的定位

画册设计的定位影响着画册整体的设计效果，设计定位是否准确到位，直接关系到画册设计是否成功有效。根据画册的特点，画册设计的定位需要考虑以下几个方面的因素。

1. 价值定位

进行画册设计之前，首先应该确定画册的基本价格，即每本画册价格的范围，要充分考虑画册内容的价值、画册的周期性特征、画册所针对的读者群体，以及这些读者群体的购买能力等。确定了画册的价格，才能在价格的范围内选择适当的印刷材料，确定相应的印刷工艺。假如定位不准确或是事先不做考虑就随意进行设计，那么在设计完成之后就可能会使画册价格超出企业预算。

2. 客户定位

如何通过设计来满足客户的需求，是设计师的工作。有的画册针对性非常明确，有的画册则需要仔细分析才能把握其客户对象。

3. 设计风格定位

设计风格定位是指为画册选定一种最适合的设计风格或表现形式。画册设计的风格多种多样，在进行画册设计前，首先需要根据不同种类的画册特点以及客户的文化程度、群体个性等，确定画册设计的整体风格，包括设计细节。但是需要注意的是，设计也绝不是简单的对号入座，在正确定位基础上的突破和创新才是最重要的。

二、Phtotshop 图层组的基本操作与应用

一个 PSD 文件可能会包含数量众多的图层，有时仅使用颜色来区分管理图层也不能完全区分这些图层，这时就需要“图层组”来管理图层，它会更加系统地、合理地、清晰地管理面板中的图层结构，有助于提高工作效率。

图层与图层组的关系有些类似于文件与文件夹，因此，图层组的功能与使用方法非常容易理解和掌握。图层组还可以将某一属性同时应用到它包含的多个图层上。

（一）建立图层组

（1）单击“图层”面板中的“创建新组“按钮，即可得到一个新建的图层组。

（2）选择“图层”面板菜单中的“从图层新建组”命令。

（3）同时选择多个图层，执行【图层】|【图层编组】命令（Ctrl+G）。

提　示　用移动工具将一个普通图层拖到图层组上，该图层就将被纳入图层组。用移动工具选择组内的图层拖曳至图层组以外的地方，释放鼠标即可还原成为普通图层。

（二）管理图层组

编组和取消编组：按下快捷键【Ctrl+G】可将选定图层创建为图层组，按下快捷键【Shift+Ctrl+G】可以取消图层的编组。

嵌套图层组：图层组可以被包含在其他图层组内，这是一种嵌套结构，可以使图层的管理更加高效，如图 6-27 所示。

图 6–27

快速展开/折叠图层组：按住【Alt】键并单击图层组前的三角状图标，就可以展开或折叠图层组及该组中所有图层样式列表。为了操作方便，可以在需要操作组内图层时将其展开，其他时间将其折叠。

删除图层组：选择“图层”面板中的图层组，单击删除图层按钮 ，将弹出对话框，如图 6-28 所示，对话框中的“组和内容”按钮，表示将删除该图层组合包含的所有图层；“仅组”按钮表示只会删除图层组，而保留其中图层。

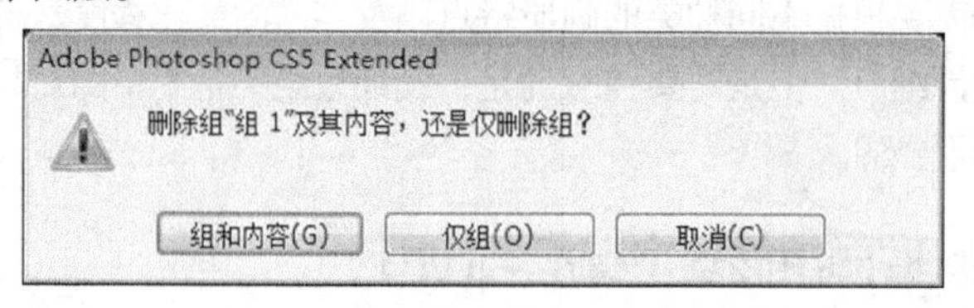

图 6–28

（三）图层组的应用

在图层面板中创建组可以对图层进行统一管理和编辑，图层组的应用主要有以下几个方面。

1. 图层组中蒙版的应用

蒙版不仅可以用在图层中，也十分适用于图层组，利用图层组蒙版可以使图层组中的所有图层产生蒙版效果。图 6-29（a）和图 6-29（b）是应用蒙版前后画面的不同效果。

图 6–29（a）

图 6–29（b）

2. 图层组中混合模式和不透明度的应用

图层组具有图层的基本特征，因此可以利用图层组设置混合模式和不透明度，也可将图层组作为单独的图像和下方的图层进行混合。

Mode（模式）：设置图层组的混合模式，但实际上每个图层本身的混合模式并没有改变。默认的混合模式为穿透，这表示组没有自己的混合属性。

Opacity（不透明度）：设置组的不透明度，但实际上每个图层的不透明度并未改变。

图层组将组中的所有图层进行统一的移动、链接和对齐等操作。同样，图层组的混合模式和不透明度也作用于组中的所有图层，但这与在组中分别设置每个图层的混合模式和不透明度有本质区别。图 6-30 的混合效果是将组和下方的图层进行混合，仅设置图层组的混合模式和不透明度；图 6-31 则是针对图层和图层之间的混合，每个图层设置相同的混合模式和不透明度。

图 6–30

图 6–31

任务二 设计画册的内页

任务描述

一般情况下设计师在设计时可以不考虑拼版，以对裱的方式进行设计，然后单张出片，把拼版交给印刷公司。本画册一共 12 页，除去封面、封底以及目录所占的两页，内页共 10 页，把翻开封面后相邻的两个页码设计在一起，进行跨页设计，即封二和页码 1 为第一个页面，页码 2 和 3 为第二个页面，依此类推，已形成设计和视觉上的完整性。“中国旅游”画册的内页的设计风格和制作方法相似，本任务以内页 2 的制作为例，详细介绍创意和制作方法。

最终效果如图 6-32 所示。

图 6–32

任务分析

（1）能够正确设置页面尺寸，正确设置参考线。

（2）了解色彩和版式的运用，画册风格整体统一协调，具有中国风的古典韵味。

（3）掌握 Photoshop 文字的编排格式。

任务实施

（1）创建页面，设置参考线，方法与任务一的步骤（1）~（3）相同。新建文件，文件名为“内页 1”，大小为 426mm × 286mm，分辨率为 300 像素/英寸，颜色模式为 CMYK 模式，上、下、左、右留出 3mm 的出血。

（2）新建背景。打开配套光盘中的“项目六\素材\背景.jpg”，拖放到“内页 1”中作为内页背景。

（3）制作主体图片。打开配套光盘中的“项目六\素材\内页 1\主体图片.jpg”，将图片拖放到画面中，并调整到合适位置，效果如图 6-33 所示。

图 6–33

（4）建立图层组。选中图层 2，按【Ctrl+G】组合键创建图层组 1，单击图层面板底部的【添加图层蒙版】按钮 ，为图层组 1 添加图层蒙版，如图 6-34 所示。

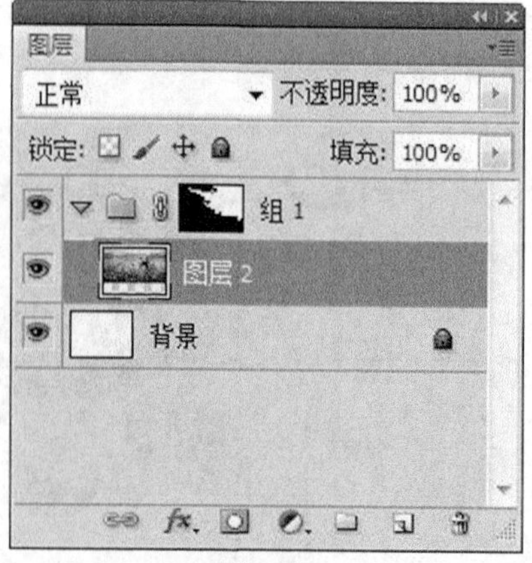

图 6–34

（5）将前景色设置为黑色，选择【粉笔】画笔，通过调整画笔大小在画面上涂抹，方法参考任务一中主体图片的制作方法，画面效果如图 6-35 所示。

图 6–35

（6）打开配套光盘中的“项目六\素材\内页 1\主体图片. jpg”将图片拖放到内页 1 中，并拖动到图层“组 1”内，如图 6-36 所示。

图 6–36

（7）使用【椭圆选框工具】，按【Shift】键同时在配图 1 的画面上绘制圆形选区，效果如图 6-37 所示，单击图层调板下的【添加图层蒙版】按钮，为图层添加矢量蒙版。

图 6–37

（8）单击图层调板下的【添加图层样式】按钮，设置描边效果，参数设置如图 6-38 所示。

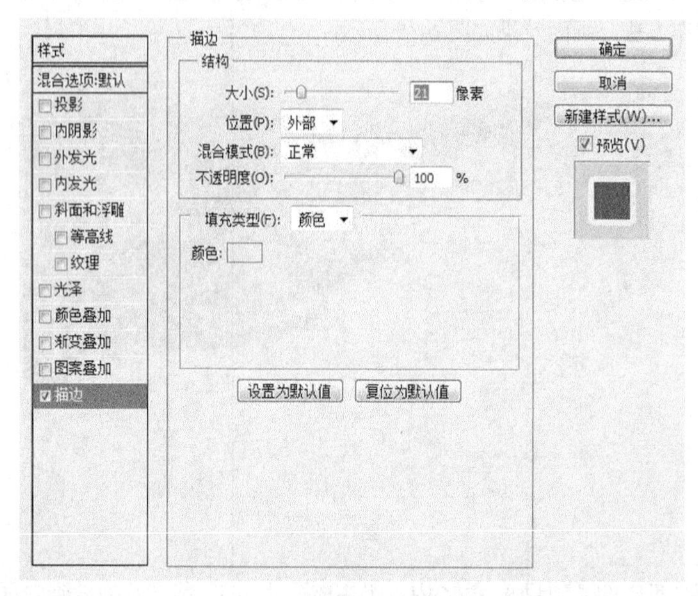

图 6–38

（9）将配图 2、配图 3 拖动到画面中，分别作为图层 4 和图层 5，图层 4 在图层组 1 上方，图层 5 在下方，制作方法参考配图 1，效果如图 6-39 所示。

图 6–39

（10）设计制作标题。新建图层组 2，修改名称为“文字”，在“文字”图层组中新建标题图层，使用【横排文字工具】T 在画面左边空白处单击鼠标左键，拖动到合适位置后释放鼠标左键，绘制文本框，在文本框中输入标题文字“身未动 心已远”，将字体设置为“华文行楷”，字号 62 点。再次使用【横排文字工具】T 输入英文字“China Travel”，字体设置为“Arial”，字号 30 点，效果如图 6-40 所示。

图 6-40

（11）为标题文字添加图层样式。选中标题图层，为图层添加图层样式“渐变叠加”，设置如图 6-41 所示。

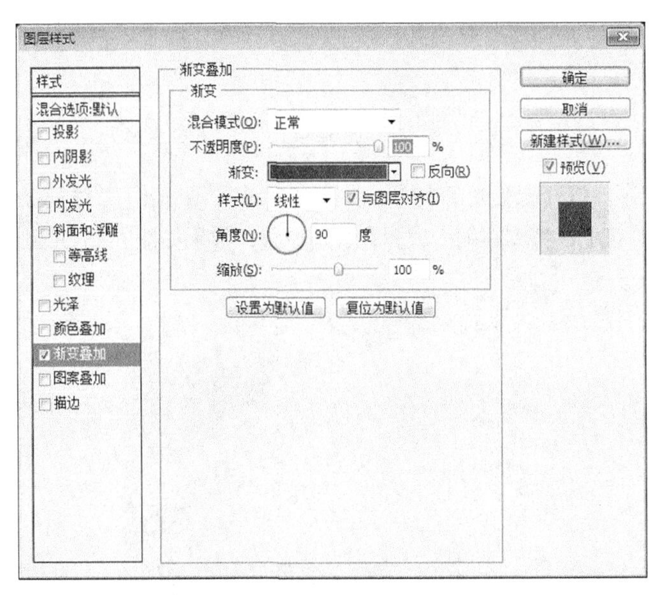

图 6-41

（12）右键单击鼠标选择【拷贝图层样式】，如图 6-42 所示，在“China Travel”文字图层中，右键单击鼠标选择【粘贴图层样式】，如图 6-43 所示，将“渐变叠加”效果应用于新的图层中。

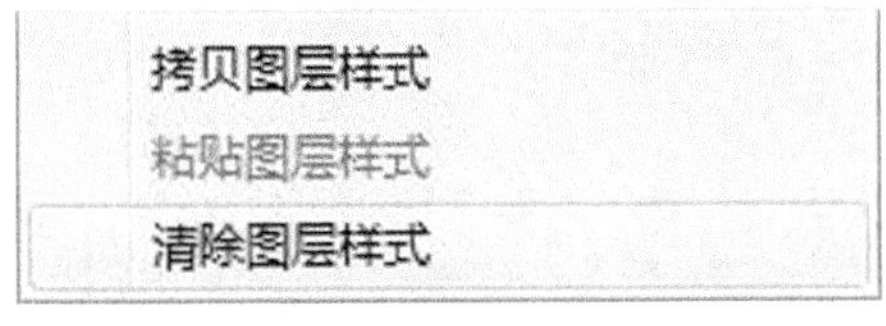

图 6-42

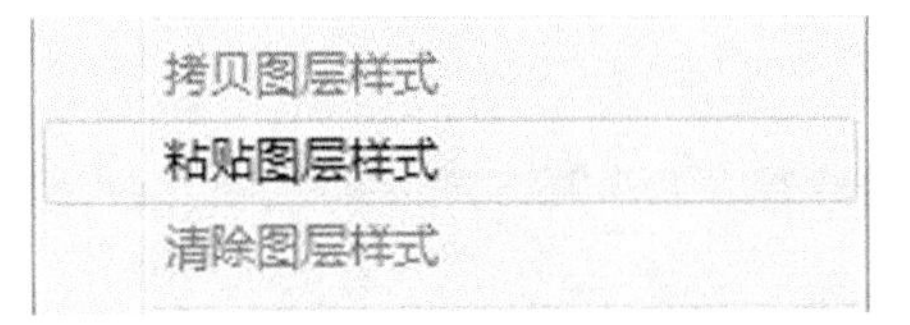

图 6-43

（13）使用【横排文字工具】T绘制文本框，将光盘中“素材”文件夹里“内页 1 文本”中的文字内容复制到文本框中，设置中文字体“黑体”，字号 7 点，英文字体“Arial Rounded MT Bold”，字号 7 点，画面效果如图 6-44 所示。

操作提示 中英文混排时，请勿用中文字体定义英文字。容易出现文字跑位、文字挤在一起等现象。

图 6–44

（14）装饰标题文字。打开配套光盘中的“项目六\素材\印章.psd”、“祥云 2.psd”，将“印章 2”与祥云图案分别拖放到画布上，将图案缩小放置在合适位置，效果如图 6-45 所示。

图 6–45

新知解析

一、宣传画册的折页与装订

（一）常见的折页方法

画册折页是装订的第一道工序，无论采用任何装订方法，都必须先进行折页，才能进行下一道工序。所谓折页，就是将一张印页按照书刊开本的大小，折叠成所需要的规格。印页的大小及书刊的开本不同，折页的次数也随着不同。例如，印页为全开，书刊印刷的开本为16开时，需要在折页机上折4次，书页为对开时，只需3次折页就成为16开书帖。在一台折页机上，折页的次数是有限的，如果印页为全开，开本为64开时，需要6次折页，而一般的折页机最多为5折页，这时就需要将印页切成对开进行折页。

折页需要8P一贴或是16P一贴，一般来说8P一贴的常常用无线订的方式，16P一贴的往往是锁线装订。画册、书籍的P数一般都是4的倍数，所以，在做折页样的时候往往只要做一种（主要贴）到两种（特殊贴）就足够了。

在正常折页的时候，记住一点，不论怎么折，右下角为第一页。一些常见折页的方法如图6-46所示。

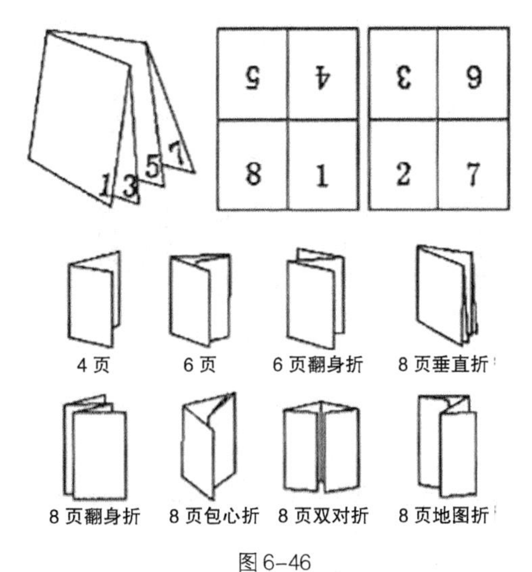

图6-46

（二）装订的几种常见形式

不同的装订形式，其工艺流程也有所不同。从装订工艺流程来讲，精装书的装订比较复杂，效率低、成本高。平装书的加工比精装书要简单得多，封皮多用120～180g，纸张印刷，成本较低，是现代图书使用最多的装订形式。骑马钉的工艺流程最短，加工效率高，成本低，但只适用于印张较少的书刊，期刊杂志普遍使用这种装订形式。下面就来了解各工序的操作方法。

1. 骑马钉装

定义：将书册套贴配页，书脊打订书钉，三面裁切成册。

特点：价廉、工艺简单、交货周期短，易跨页拼图。

适用范围：使用骑马钉装订的样本 P 数应为 4 的倍数，装订厚度以 157g 铜版纸为准，不超过 48P，成品厚度小于 4mm。

注　意　封面与内文纸克重悬殊时，长期使用，封面易从装订处脱落。骑马钉装订流程及装订样册如图 6-47 所示。

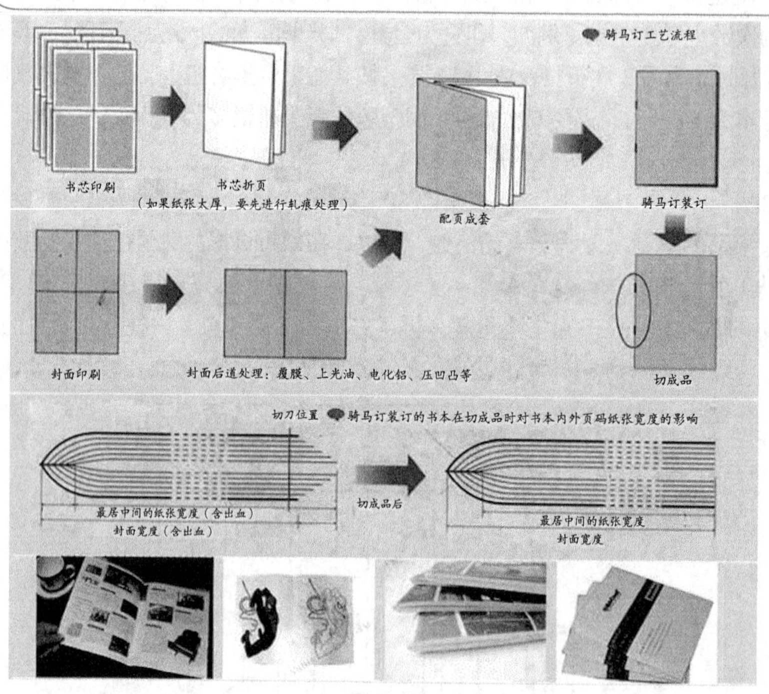

图 6-47

2. 无线胶装

定义：将书册按页序先套贴后配贴，书脊上胶后配封面，裁切成册。

特点：价廉、美观、交货周期较骑马钉长。

适用范围：使用胶订 P 数可以不是 4 的倍数，装订厚度以 157g 铜版纸为准，超过 48P，成品厚度大于 4mm、小于 30mm。

注　意　对页很难打开，不易跨页拼图，若纸张克重高，在使用中易掉页。胶订装装订流程如图 6-48 所示。

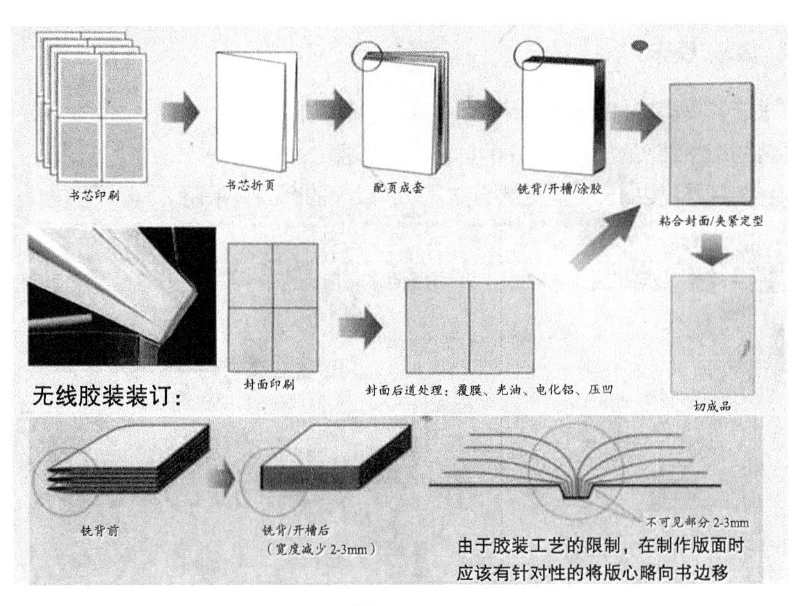

图 6–48

3. 锁线胶装

定义：将书册按页序先套贴后配贴，按顺序用线订成书芯，书脊上胶后配封面，裁切成册。

特点：装订考究、高档、不宜掉页、易跨页拼图，但生产周期较长。

适用范围：装订厚度以 157g 铜板纸为准，48P 以上的产品宜采用线装，成品厚度不限。

注 意 生产周期长，而且费用较高。锁线装订流程如图 6-49 所示。

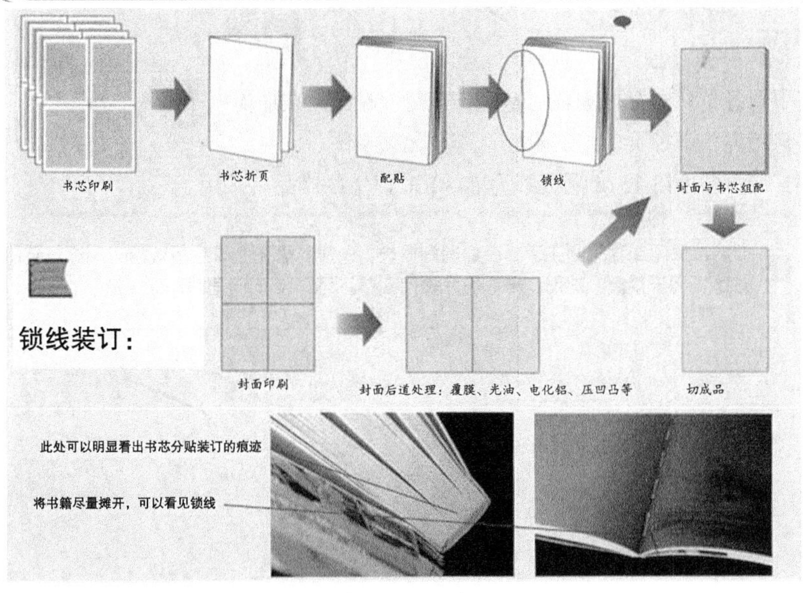

图 6–49

4. 环订（塑环/铁环）

定义：将书册各页打切打孔，按页序排列后，穿环成册。
特点：环装的产品结实耐用，可 180 度或 360 度翻转、平放。
适用范围：装订厚度以 157g 铜板纸为准，16P 以上的产品宜采用。

注　意 费用较高，非常适用于经常翻动的台历、工具手册等。环订装订流程如图 6-50 所示。

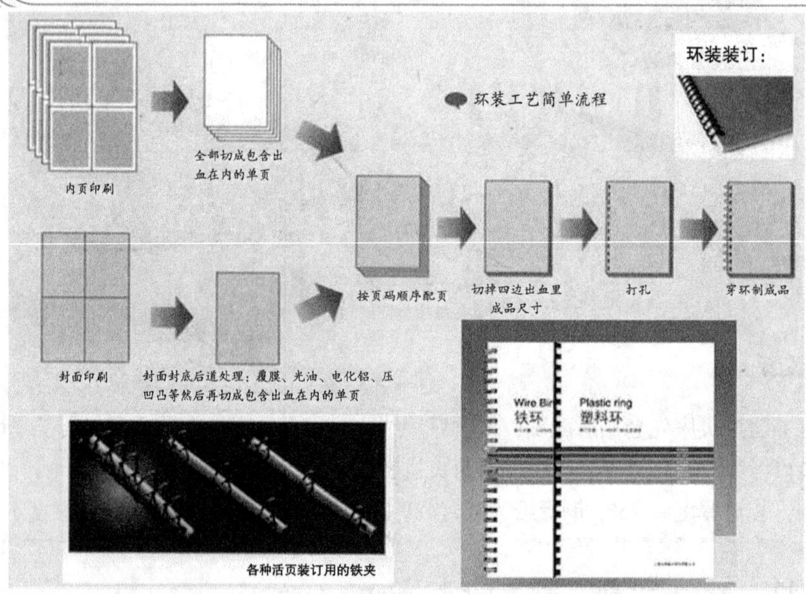

图 6-50

5. 精装对裱

定义：将书册各页背对背裱糊裁切整齐，与封面粘贴后成册。
特点：装订考究，不掉页、结实耐用，跨页无须拼图。
适用范围：装订厚度以 157g 铜板纸为准，16P 以上的产品宜采用。

注　意 采用单面印刷工艺，装订时间很长，一般封面配合荷兰板裱糊印刷纸或装祯纸，非常适用于菜谱、邮册、卡书等，费用高昂。环订装订流程如图 6-51 所示。

精装书籍顶部平面图

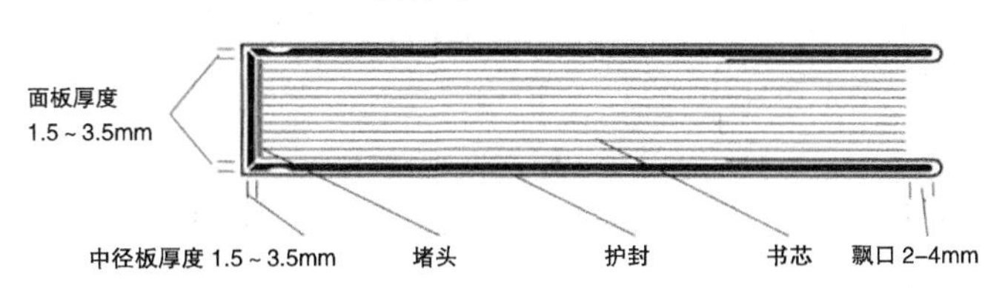

精装书籍的护封版样实例：

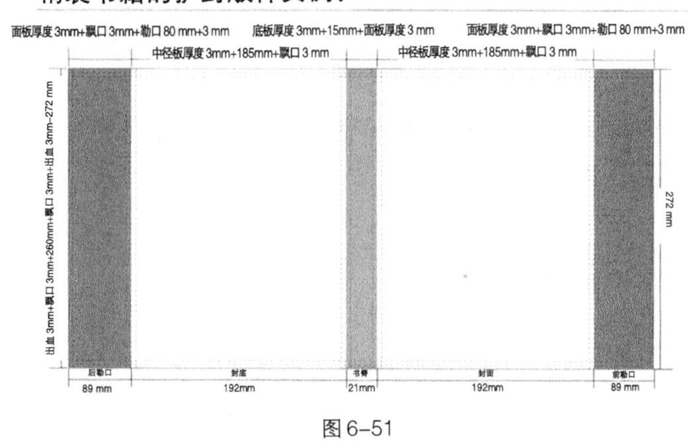

图 6–51

二、中英文字体的混排

随着企业和国际接轨，企业的国际化倾向越来越明显，很多企业要求在画册中加入英文进行编排，这对设计师的排版提出了一个特殊要求。因为中、英文字母在结构上的不同，要把二者很好地结合在一个版面中也是一门学问。

字母是一种纯粹发音符号，每个字母本身并没有意义，单词的意义来自于这些字母之间的横向串式组合，而汉字的组字方式是以象形为原始基础，也就是每个字都具有特别的意义，一个简单的字可能在远古时代就代表了一个复杂的生活场景，因而它也是世界上最形象的文字。两者之间的阅读方式和解读方式都有本质的不同。因此，汉字的编排不能照搬英文的编排方式，它们两者之间在编排上有一些客观的区别。

第一就是同样字号的实际大小不同，因为英文都是字母，字母的构成结构非常简单，一般在印刷上 3 号大小的英文都能清晰可辨，而汉字因为结构的复杂，在印刷上 5 号字已经接近辨认极限了，因而在设计时汉字要考虑可阅读性，在设计中就不如英文的字号大小灵活多变。还有英文字母线条比较流畅，因为弧线多，所以画面容易产生动感，这一点上比汉字生动多变。

第二就是英文编排容易成“段”，因为英文每个单词都有相当的横向长度，有时一个单词就相当于中文一句话的长度，单词之间是以空格作为区分，所以英文在排版时，哪怕是一句话，也大多作为“段”来考虑编排；而这点中文就完全不同，中文的每个字占的字符空间一样，非常规整，在一般情况下一句话是不能拆成“段”来处理，所以中文在排版的自由度和灵活性上比不上英文，各种限制严格得多。虽然现代设计中有大量的对汉字进行解构的实验作品和商业作品，但总体来说，还是不能大量推广，毕竟，这种实验牺牲的就是人们习惯的汉字阅读的方便性。汉字的整体编排容易成句、成行，视觉效果更接近一个个规则的几何点和条块，而英文的整体编排容易成段、成篇，视觉效果比较自由、活泼，有更强的不连续的线条感，容易产生节奏和韵律感。

第三就是英文的篇幅普遍比相同意义的汉字的篇幅要多。在设计时，英文本身更容易成为一个设计主体，而且因为英文单词的字母数量不一样，在编排时，对齐左边那么右边都会产生自然的不规则的错落，这在汉字编排时是不太可能出现的，汉字编排每个段是一个完整的“块”，很难产生这种错落感。

第四，汉字的编排规则比英文严格复杂得多，比如段前空两字，标点不能落在行首、标点占用一个完整字符空间，竖排时必须从右向左，横排时从左向右等，这些规则也给汉字编排提高了难度。而英文段落在编排时只能横排，只能从左向右，段前不需空格，符号只占半个字符空间，这给英文编排提供了更大更灵活的空间。这些区别在设计时都需要特别注意，不要照搬英文的排版模式来编排汉字，处理不好就会不伦不类。

企业在拿到设计师做的画册时，如果其中有中英文混合编排的地方，一定要依据以上规则，着重看一下中、英文字体的编排是否合理，视觉上是否舒适，详略主次是不是得到了正确的处理。

任务三 出片打样

任务描述

出片打样分为两个程序。出片是设计完的文件制作成胶片（也叫菲林）的过程，在印刷上称作出片，和照相用的底片相似。打样是一般工厂，接受客户委托及客户对产品的规格要求（例如颜色、填充物等），先行制作样品（或先绘图样），给客户修正并确认后，签订生产合同，开始量产，属于一种前期承接产品的预备工作。

任务分析

（1）了解出片的工作流程。

（2）掌握出片的注意事项。

（3）了解打样的几种方式。

（4）了解印刷的工作流程。

任务实施

整个文件制作完成之后，需要进行文字校对和图片颜色的确认，由于计算机显示的成色原理与印刷品的成色原理不同，同一个文件的显示颜色往往会与其印刷品有所偏差，因此不能根据显示器确认颜色。由于数码样的颜色比较接近印刷品的颜色，一般情况下，会通过打印数码样来确认整体设计的颜色。如果对数码样的颜色满意，并且确认没有文字错误，就可以输出印刷了。

一、出片

（一）出片打样的工作流程

（1）复制设计师设计好的文件。

（2）将文件复制输出到公司计算机上，传到数码打样机上打数码样。

（3）检查无误，将文件传送到照排机上输出菲林片。

（4）使用菲林片进行打样。

（5）将打样样张交给客户确认并签字同意印刷，经过客户签字确认的设计如果印刷后出现文字性错误以及设计风格问题，设计师不再承担责任。

（6）将客户签字的打样样张和菲林片交给印刷厂。

（二）出片注意事项

（1）彩色图像一定要是 CMYK 格式。

（2）EPS 格式图像如无特殊的加网要求，在存储 EPS 文件时，不要选取 Include HalftoneScreen 项。

（3）是否有专色，专色是否压印。

（4）黑版是否正确指定了压印，文件中是否有灰网存在。

（5）文字请勿用空格定位，否则文字容易出现跑位现象。

（6）不要使用系统提供的字库，如 Kai、Hei、Song、Beijing。

（7）是否使用了特殊字体，特殊字体应将“true type”字体文件复制在盘中带到输出中心。

（8）中英文混排时，请勿用中文字体定义英文字。容易出文字跑位，文字挤在一起等现象。

（9）带齐全部相关输出文件，尤其是页面上所有图像的原始 Photoshop 文件。

（10）提供所有使用的字库。

（11）联系印刷厂确定出片线数。

二、打样

在印刷生产过程中，用照相方法或电子分色机所制得并做了适当修整的底片，在印刷前印成校样或用其他方法显示制版效果的工艺。目的是确认印刷生产过程中的设置、处理和操作是否正确，为客户提供最终印刷品的样品，不要求在视觉效果和质量上与最终印刷品完全一样。打样大体可以分为 3 种方法，即打样机打样、（色粉）简易打样和数字打样。

1. 打样机打样

打样机打样是最传统的也是最可靠的一种打样方法。它使用与正式印刷机相似的设备、印版、纸张和油墨，但打样机一般都是单色或双色机（一次运行只能得到一种或两种颜色），自动化程度不高，需要很高的操作技能和经验，而且必须事先制作印版，因此打样机打样效率低、需要恒温、恒湿环境控制、成本较高。这种打样方法在中国、日本等国家应用广泛。

2. 简易打样

一种利用光化学反应获得影像和彩色的打样技术，主要有叠层胶片打样和色粉打样两种。这两种方法的共同特点是将分色网点胶片（如黄版）与附着在胶片或纸张底基上的感光高分子涂层叠合（采用抽真空的方法），通过分色加网胶片一侧用紫外光源进行曝光，使曝光部分成为不可溶或失去黏着性，然后经过溶液显影或色粉显影，即可得到彩色影像。所不同的是，前者使用分别携带有黄、品红、青、黑颜料的感光高分子涂层的 4 张胶片，将曝光、溶液显影处理后的胶片叠合在一起即可得到一张透射型彩色样张；后者使用一张与实际印刷品相同的纸张，将无色黏性高分子涂层（类似于不干胶）附着在上面（采用专用的覆膜机），经过曝光、色粉显影处理，重复 4 次，即可得到一张反射型彩色样张。

色粉打样起始于 20 世纪 70 年代中期，在欧、美等国家应用广泛，但由于成像过程与实际印刷过程相差甚远，很难做到样张与印刷品完全一致。

3. 数字打样

不同于上述两种方法，既不需要中介的分色网点胶片，也不需要印版。将数字印前系统（计算机）中生成的数字彩色图像（又称数字页面或数字胶片）直接转换成彩色样张，即从计算机直接出样张。数字打样分为软打样和硬打样。软打样是将数字页面直接在彩色显示器（如计算机显示屏）上进行显示，它能够做到与计算机处理实时显示，具有速度快、成本低的优点，但因为是加色法显色原理，而且材质和观察条件也与实际印刷品相差较远，如今出现利用液晶显示屏的软打样，已有改进。硬打样如同计算机彩色喷绘一样，直接将数字页面转换成彩色硬拷贝（采用喷墨打印、染料升华、热蜡转移、彩色静电照相等成像技术）。由于计算机图像处理和模拟、控制技术的进步，尽管纸张和呈色剂都与实际印刷不完全一样，但数字硬打样已经可以做到与实际印刷品效果非常接近，高质量的产品（如染料热升华）可达到 95%以上的一致。

数字打样是 20 世纪 90 年代初期才兴起的打样方法，但其快速、高效和直接数字转换的特点与印刷技术数字化和网络化的发展完全吻合，21 世纪初已成为主要的打样方法之一。

三、后期印刷的工作流程

（1）将菲林片和打样样张提供给印刷厂。

（2）印刷厂审核报价，双方签署加工合同。

（3）印刷厂使用菲林片晒制印刷用的 PS 版。

（4）将 4 个 CMYK 的 PS 版按照颜色色序分别装入印刷机准备印刷。

（5）印刷完成的印刷品进入后期工艺。

（6）裁切纸张。

（7）封面与内页通过装订机器完成装订成书。

项目拓展

为××职业技术学校设计宣传画册。

设计要求：

（1）规格 210 mm × 285mm。

（2）针对学校宣传目的的画册设计，突出职业学校的特点，以学校的办学理念、办学历史为基础和核心，烘托出学校良好的社会形象，从而在社会上和学生家长心中树立“培养人才”的良好形象，为学校宣传和招生打下坚实基础。

（3）按照设计公司工作流程进行创作。

（4）需要递交此次设计相关的设计说明。

项目评价反馈表

技能名称	分值	评分要点	学生自评	小组互评	教师评价
图层组的基本操作	1	方法正确			
封面封底的完成情况	2	图片处理精美			
内页的完成情况	2	版面编排合理			
项目总体评价					

项目七 制作企业手提袋

【岗位设定】

广告公司的印前平面设计师。

【项目描述】

设计内容："企业手提袋"设计。

客户要求：受"宝岛餐会"委托，为他们制作手提袋，企业提供基本信息和相关资料（包括企业的简介、企业 logo、企业的经营理念等）和手提袋制作的基本要求（包括尺寸、材料等）。

成品尺寸：正面（高 40cm × 宽 30cm）侧面（高 40cm × 宽 10cm）底面（长 30cm × 宽 10cm）。

印刷工艺：CMYK 4 色印刷、表面覆亚膜、红色棉线；材料：250g 白板纸。

基本要求：符合企业古典的形象，体现前卫时尚、娱乐休闲主题。

设计风格要求：稳重、大气的风格。

制作出手提袋三维效果图。

最终效果如图 7-1 所示。

图 7–1

任务一 设计企业手提袋平面图

任务描述

本任务主要是“企业手提袋”刀版的平面图设计，使用钢笔路径配合画笔工具制作刀版，使用填充工具填充图像，使用选择工具添加商标，使用文字工具和图层样式添加并修饰文字，使用中国风格的元素装饰画面，将中国传统文化应用到包装中，整个画面整体造型美观大方，色彩和谐。

最终效果如图 7-2 所示。

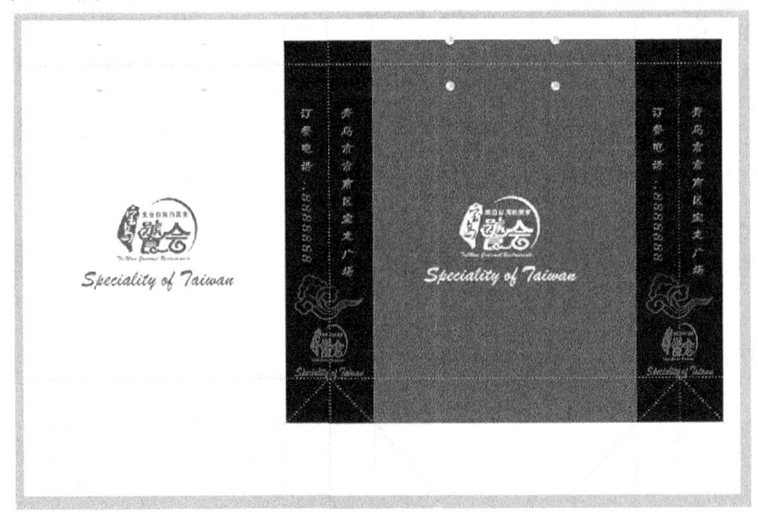

图 7–2

任务分析

（1）了解纸制包装的制作工艺。

（2）能够熟练使用钢笔工具。

（3）了解传统纹样及书法艺术在包装中的应用。

（4）了解包装设计中刀版的应用。

（5）了解 Photoshop 与 CorelDRAW、Illstrator 软件的优缺点。

（6）掌握 Photoshop CorelDRAW、Illstrator 文件的格式与互置。

任务实施

（1）按【文件】|【新建】，新建文件名称为“宝岛餐会手提袋.psd”，大小为 820 mm × 530mm，分辨率为 72 像素/英寸，色彩模式为 CMYK，如图 7-3 所示。

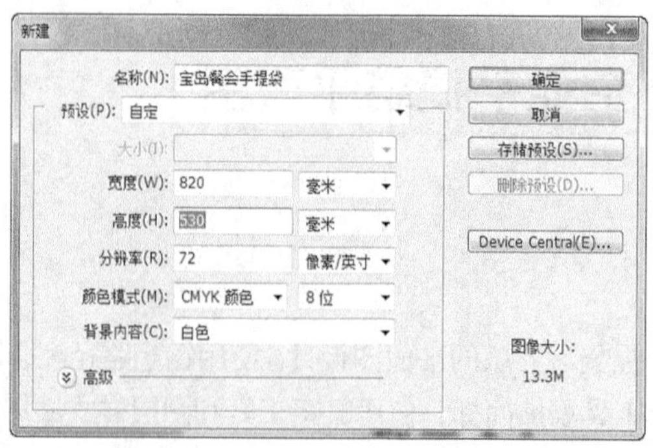

图 7–3

操作提示 手提袋的尺寸通常根据包装品的尺寸而定，详细的尺寸规格参见新知解析部分。外观尺寸确定后，先不要着急开始设计，要先画好刀版图，至少每个压痕线要画出来，刀版先确定后内图文案改的就少，否则图纸每次动一下，内图就要调整一次。

（2）拖出参考线。根据手提袋尺寸要求，计算需折叠处数据，按计算好的长、宽、高尺寸数据拖出参考线，横向（5,40,45）cm 纵向（30,35,40,70,75，80）cm，如图 7-4（a）所示。参照参考线使用【钢笔工具】画出需折叠路径如图 7-4（b）所示。

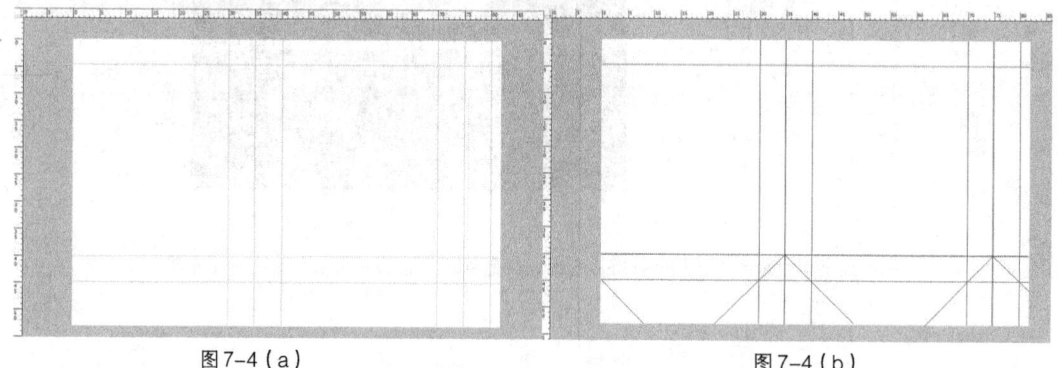

图 7–4（a）　　图 7–4（b）

操作提示 选择参考线：在参考线处点右键选择。添加参考线：在参考线处按下鼠标向下或右拖动鼠标即可添加横向或纵向参考线；删除参考线：使用“选择工具”将参考线拖出画面即可。折痕线为多条不连续的直线，在用钢笔工具绘制完一条不封闭的直线时，按住 Ctrl 键在空白处单击或按“ESC”键，即可结束当前路径的绘制。

（3）画出折痕。在图层面板按【新建图层】按钮，命名为“刀版”，选择【画笔工具】，再单击打开【画笔面板】按钮，设置画笔如图 7-5（a）所示。在路径面板单击【用画笔描边路径】，折痕如图 7-5（b）所示。选择【文件】|【导出】|【路径到 Illstrator】，文件名：“宝岛餐会手提袋.ai”。将路径导出为 AI 文件，此文件可在 CorelDRAW 中打开使用。

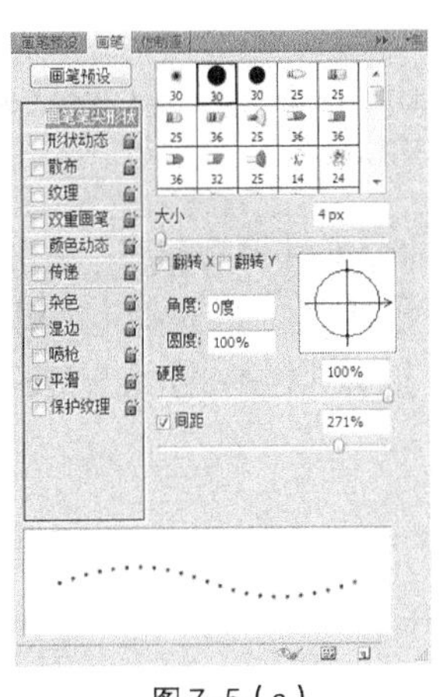

图 7-5（a）

图 7-5（b）

操作提示 在本例中手提袋左侧面的宽度比右侧面的宽度要小 1mm，原理和折痕尺寸的计算，详见新知解析。

（4）设计反面。用【选择工具】选取手提袋反面（左侧面）部分，单击【默认前景色和背景色】，选择【编辑】|【填充】用背景色（255，255，255）填充选区。如图 7-6 所示，效果如图 7-7 所示。

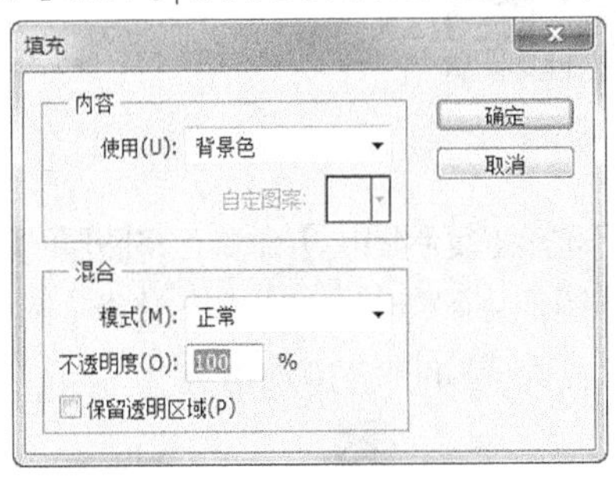

图 7-6

图 7-7

（5）为正面和侧面填充颜色。用以上的方法，为手提袋正面填充红色（196，22，28），两个侧脊面填充黑色（0，0，0），效果如图 7-8 所示。

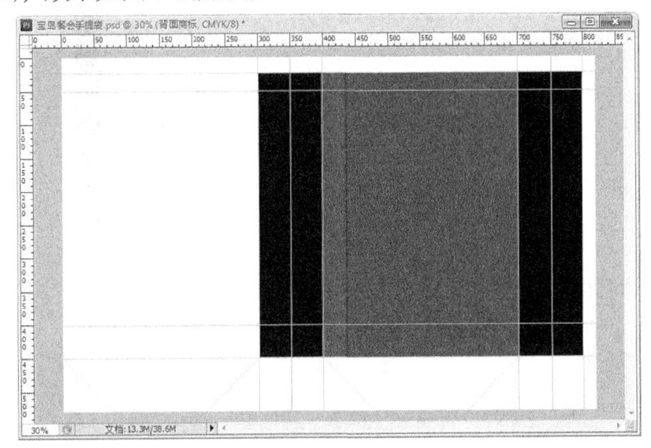

图 7-8

操作提示 四周出血为 1cm 可多不可少，本例在横向 2.5cm 处增加了一条参考线，在为手提袋填充颜色时从 2.5cm 处填充，便于上部袋口处折叠时有整体感。

（6）为正面加 LOGO。选择【文件】|【打开】命令，打开“项目七\素材\商标.jpg”，单击【魔棒工具】，在背景处单击，选择【选择】|【选取相似】，选择【选择】|【反向】，选择【编辑】|【拷贝】，选择“宝岛餐会手提袋.psd”为当前文件，选择【编辑】|【粘贴】，按【Ctrl+T】组合键调整图像大小，并放在合适位置。将图层命名为“正面商标”，如图 7-9 所示。

图 7–9

（7）为反面加 LOGO。右键单击“正面商标”图层，选择【复制图层】命令，将图层“正面商标副本”改名为“背面商标”，使用【移动工具】，将商标图像移到背面合适位置。选择【选择】|【载入选区】，选择【编辑】|【填充】颜色选择（196，22，28），效果如图 7-10 所示。

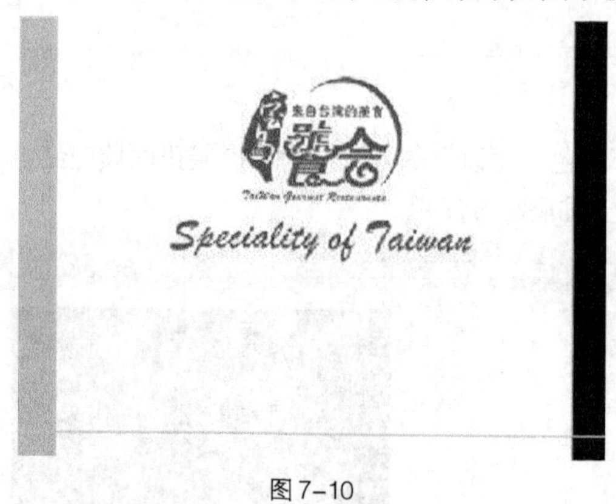

图 7–10

（8）为左侧脊添加商标。右键单击“背面商标”图层，选择【复制图层】将新建图层改名为“左侧脊商标”，按【Ctrl+T】组合键调整商标到合适大小，用【移动工具】，将商标移到左侧脊合适的位置，如图 7-11 所示。

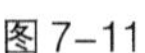

图 7-11

图 7-12

（9）为左侧脊添加图片修饰。选择【文件】|【打开】命令，打开“项目七\素材\祥云.jpg”，将祥云图案复制到文件中，命名图层为“左侧脊祥云”，按【Ctrl+T】组合键调整祥云到合适大小，用【移动工具】，将祥云移到左侧脊合适的位置。设置图层混合模式为“差值”，效果如图 7-12 所示。

（10）为左侧脊添加文字。选择【直排文字工具】，在左侧脊输入企业信息“青岛市市南区宝龙广场　定餐电话：8888888”、“隶书”、“50 点”、行距“170 点”。图层命名为“左侧脊字”，选择【图层样式】“斜面和浮雕”，如图 7-13（a）所示。效果如图 7-13（b）所示。

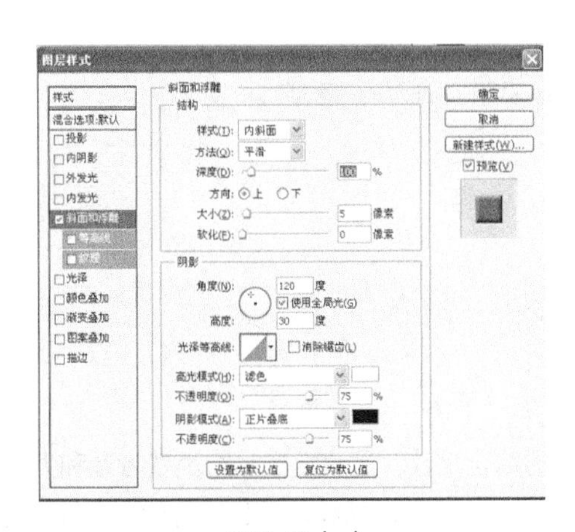

图 7-13（a）

图 7-13（b）

（11）在图层面板中按【创建新组】命名为“左侧脊”、将“左侧脊字”、“左侧脊祥云”“左侧脊商标”拖动到新建“左侧脊”组中。在“左侧脊”组上单击右键按【复制组】，并命名为“右侧脊”，并将“右侧脊”组件内各图层重命名，并将组件内容移动到右侧脊合适的位置。图层面板如图 7-14 所示。

图 7–14

（12）画出线孔。在横向 2.5cm，7.5cm 处拖出两条参考线，纵向 9cm，21cm，49cm，61 cm 处拖出 4 条参考线，使用椭圆【选框工具】，在交叉点处创建直径为了 0.5cm 的圆形选区，分别选择正面图层、背面图层、背景图层，按【Delete】键，将圆孔所在处颜色删除，做出线孔。效果如图 7-15 所示。

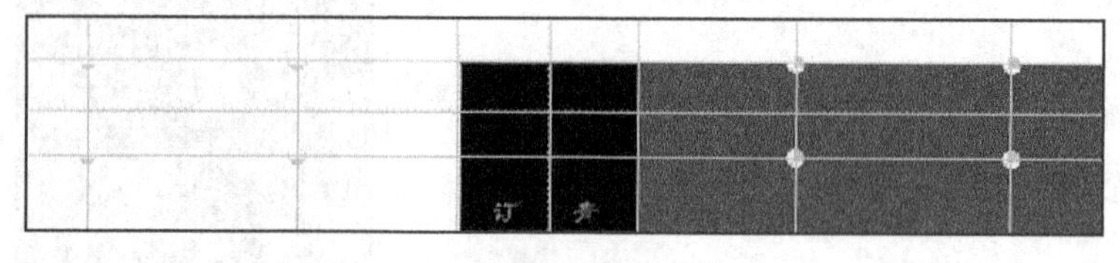

图 7–15

操作提示 8 个圆为开线孔位置，袋口处折叠后前后线孔重合，线孔大小要根据所选线绳而定，距袋口位置不可过小，两孔间距不可过大，合适即可。

（13）保存文件。

新知解析

一、纸质包装的制作工艺

包装是品牌理念、产品特性、消费心理的综合反映，是建立产品与消费者亲和力的有力手段。它直接影响到消费者的购买欲,它与商品已融为一体，具有商品和艺术相结合的双重性。包装还有另一大功能——广告促销。在市场经济中，商品包装的促销功能是最直接、也最令人关注的因素。现代包装设计已经不仅仅局限于包装视觉上的美感，更多地侧重于是否将商品的内涵完美地展现出来。

包装设计是为销售商品而进行的设计，它重于行销的功能，除了要考虑其平面视觉效果之外，还应该考虑其立体的视觉功能、结构、材质加工以及市场的接受度。一个包装设计，如果只有华丽的平面视觉效果，而缺少立体外观效果以及市场诉求的考量，失去了包装设计的真正意义。

纸质包装具有易加工、成本低、适于印刷、重量轻可折叠、无毒、无味、无污染等优点，但耐水性差，在潮湿时强度差。纸质包装材料可分为包装纸和纸板两大类。

（一）包装纸

（1）牛皮纸：牛皮纸的特点是表面粗糙多孔、抗拉强度和撕裂强度高，透气性好。由于成本低、价格低廉、经济实惠，并且由于其别致的肌理特征，常常被设计师们采用，大多应用在购物袋、文件袋，传统食品及一些小工艺品的包装上，如图 7-16 所示。

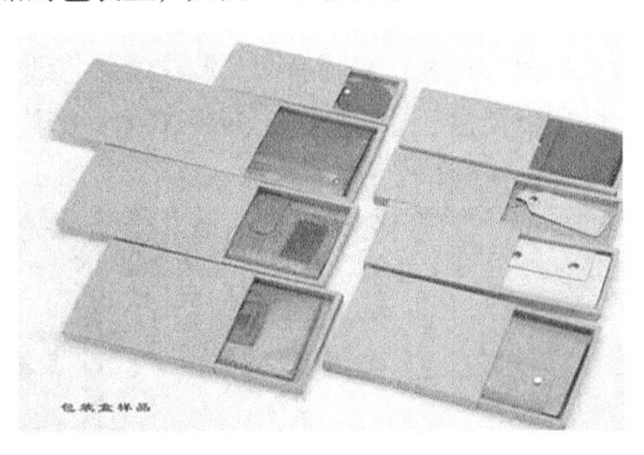

图 7–16

（2）玻璃纸：玻璃纸是以天然纤维素为原料制成的，有原色、洁白和各种彩色之分。它的特点是薄、平滑，表面具有高强度和透明度，抗拉强度大、无毒、富有光泽、保香味性能好，具有防潮、防尘等功效，多用于糕点等即食食品的内包装，如图 7-17 所示。

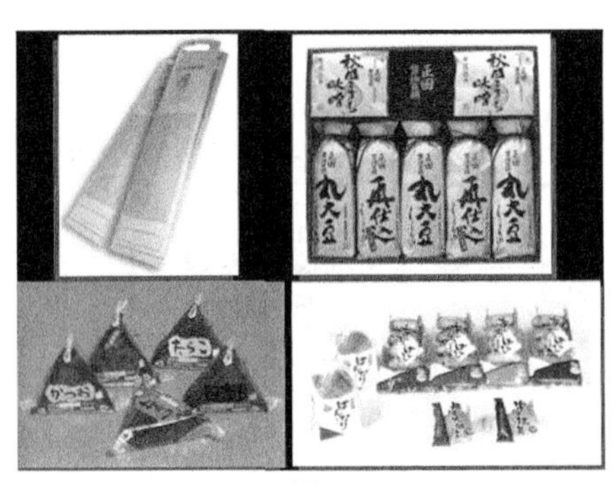

图 7–17

（3）漂白纸：漂白纸的特点是强度高、纸质白、密度细、平滑度高，适用于外裹食品包装、标签、服装吊牌、瓶贴。

（二）纸板

纸板的制造原材料与纸基本相同，主要区别在于硬度、厚度、刚性强，易加工成型，是销售包装的主要用纸，如图 7-18 所示。

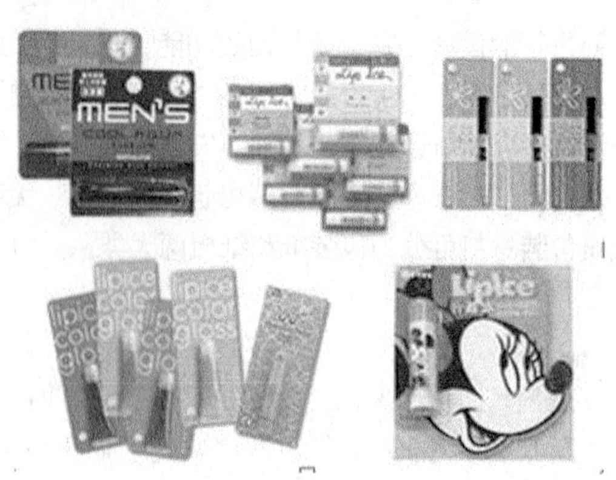

图 7-18

瓦楞纸：瓦楞纸又称箱板纸，是通过瓦楞机将有凹凸波纹槽形芯纸的单面或双面裱上牛皮纸或黄板纸。瓦楞纸的特点是耐压、防震、防潮、非常坚固，多用来制作纸箱。主要用来保护商品，便于运输，如图 7-19 所示。

图 7-19

纸作为包装材料应用非常普及，由纸制成的包装盒，成本低，制作工艺相对简单，而且便于印刷和大批量生产。在发展过程中，人们逐渐克服了纸包装防潮性差的特点，研究生产出适合商品特性的特种纸张，如图 7-20 所示。

图 7-20

（三）印刷

将文字、图画、照片等原稿经制版、施墨、加压等工序，使油墨转移到纸张、织品、皮革等材料表面上，批量复制原稿内容的技术，称之为印刷。印刷有多种形式，分为传统胶印、丝网印刷、数码印刷等。

（四）烫金银

烫金、烫银是传统的装帧美化手段，常常运用在许多纸张包装上，丝印烫金、烫银是一种新型工艺，其原理是在印花浆中加入特殊的化学制剂，使花位呈现出特别靓丽的金、银色，并且色样持久，不褪色，可在许多种布料上印制，成本要比传统工艺低，是一种十分理想的印花装饰工艺。烫金银工艺的种类众多，根据客户需要决定烫金银的使用。

（五）覆膜

覆膜（Laminating），又称“过塑”、“裱胶”和“贴膜”等，覆膜属于纸质印刷品印后加工的一种主要工艺，是将涂布黏合后的塑料薄膜，与纸质印刷品经加热、加压后黏合在一起，形成纸塑合一的产品。经过覆膜的印刷品，由于表面多了一层薄而透明的塑料薄膜，表面更加平滑光亮，不但提高了印刷品的光泽度和牢度，延长了使用寿命，同时又起到防潮、防水、防污、耐磨、耐折、耐化学腐蚀等保护作用。如果采用透明亮光薄膜覆膜，覆膜产品的印刷图文颜色更鲜艳，富有立体感，特别适合绿色食品等商品的包装，能够引起人们的食欲和消费欲望。如果采用亚光薄膜覆膜，覆膜产品会给消费者带来一种高贵、典雅的感觉。因此，覆膜后的包装印刷品能显著提高商品包装的档次和附加值。覆膜已被广泛用于书刊的封面、画册、纪念册、明信片、产品说明书、挂历和地图等进行表面装帧及保护。

（六）刀版

印刷品中，除了是宣传单页、样本外，其他大部分纸张制品都不是方方正正的形状，需要制作刀模把印刷后的半成品冲切成一定的形状（如纸盒、不干胶、纸卡等），这个刀模被称之为刀版。制作刀版之前需要设计刀版图。刀版图是按照最终印刷品的成品外沿，用线条的方式画出来，一般需要先画好刀版线再做其他设计。在做包装盒（袋）的时候需要做的就是要理解包装的折法和范围，做出刀版图，用单色的线勾画出来，在成品外加出血后勾画。

二、手提袋

（一）纸袋

纸袋是生活中常用的包装容器，手提袋就是其中之一。如今手提袋形式多样化趋势明显，一份精美的手提袋对于产品宣传和企业形象的展示尤为关键，它有利于消费者识别选购，激发消费者的购买欲望，如图 7-21 所示。

图 7-21

（二）手提袋制作要求

（1）尺寸：手提袋的尺寸通常根据包装品的尺寸而定。通用的标准尺寸分三开、四开或对开 3 种。每种又分为正度或大度两种。其净尺寸由长×宽×高组成，更详细的尺寸规格如图 7-22 所示。

（2）加工工艺：手提袋印刷后需覆膜或穿绳方可成形。手提袋的绳子可选用尼龙绳，棉绳或纸绳。如手袋尺寸较大时，需在绳孔处加固铆钉以提高抗拉力。

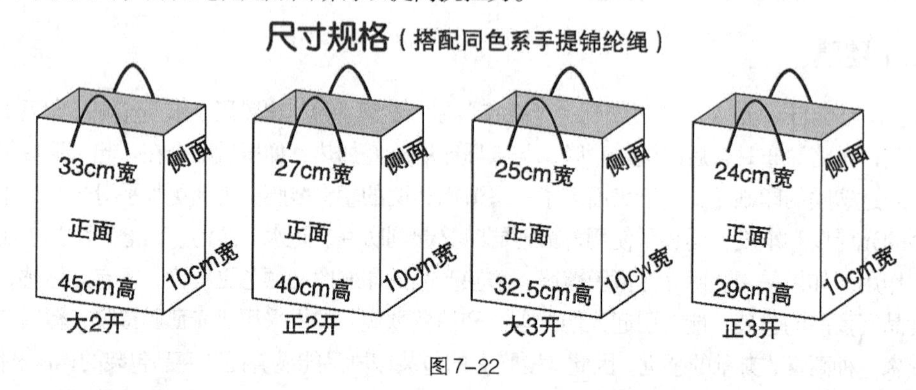

图 7-22

（三）刀版图纸的绘制

手提袋刀版图纸可以在 CAD 软件绘制，也可在 Photoshop 与 CorelDRAW、Illstrator 等软件内绘制。根据设计制作人员的特长而定。绘图顺序是先画大面，再画粘口及其他折痕部位，然后调整细节，最后检查标注尺寸。

以图 7-23 “手提袋技术图纸” 为列，说明几点注意的事项。

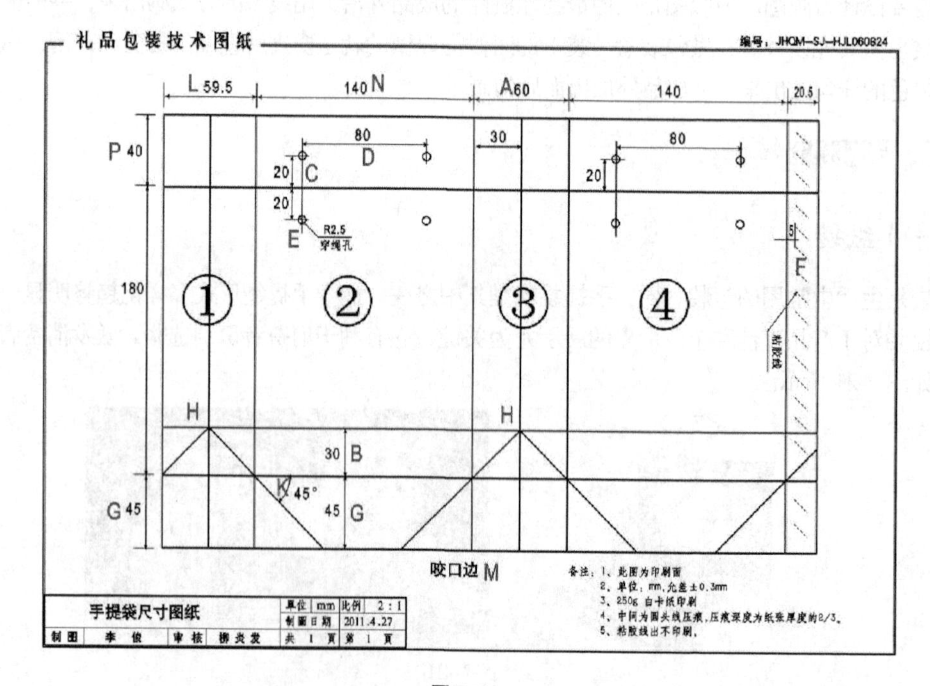

图 7-23

（1）①②③④ 4 个面是大家首先要确定尺寸的，一般来讲①面的宽度 L 比③面的宽度 A 要小 0.5 ~ 1mm，是为了粘手提袋后便于内折，同时粘贴面处内缩，可防止边缘靠近折痕而粘贴不紧。

（2）根据③的宽度 A，可确定正反面折痕处离下端的距离 B， K 处角度为 45°，B 处距离为 A 处宽度的一半。

（3）手提袋底部单边纸张的宽度 G 一般来讲是 B 处的 1.5 倍，主要是保证粘胶的牢度，这个距离可根据实际印刷纸张的大小做调整。不影响手提袋外观尺寸。但至少要大于③处宽度 A 的一半，否则两边粘不到一起，当然也要小于 A 的宽度。

（4）粘口 F 处的宽度是 20mm，但要小于 A 的一半。粘口处有粘胶线。粘口处的出血部位（3 ~ 5mm），粘胶线要避开。可根据纸张宽度适当缩小。

（5）手提袋上面折块的高度 P 一般为 30 ~ 40mm。至少是要大于穿绳孔边缘距离的 5mm 以上。

（6）穿绳孔距上端边缘距离一般为 20 ~ 25mm。没固定限制，打孔是要避开关键图文部分，以免影响外观。两穿绳孔之间的距离一般为手提袋宽度的 2/3。注意版面上共有 8 个穿绳孔，以上边缘对称，绘图时上边的 4 个穿绳孔别忘记了。

（7）绘图时注意侧面及粘胶处的折痕线都要对应画好，否则不好折盒。

（四）外观的设计与工艺制定

（1）外观设计一般要与所装物体的色彩、风格保持一致，最好能体现行业特性。

（2）要避开正反面设计主要图文在折痕处，侧面几个折痕线交在一起的部位，最好不要有图文，否则，折痕对其影响很大。

（五）手提袋的设计要素

1. 手提袋设计的材质

手提袋的纸张可选用 157g、200g 的铜版纸，覆上膜，优点是不易脏、结实耐用、成本低，铜版纸制手提袋应用是最广泛的。白卡纸属于特种纸的行列，实际效果比铜版纸略显高档也比较环保，缺点就是易脏、粘口处和折角处易折裂，造价比铜版纸略高一些。选用铜版纸或卡纸印刷，一般需覆膜或覆亚膜来增加其强度。如需与较重的包装品配套，可选用 300g 铜版纸或 300g 以上的卡纸印刷。由于白牛皮纸韧性强，使用环保，最近越来越多地应用在手提袋制作上，通常可选用 120g 或 140g 的白色或黄色牛皮纸，印刷后需过油以保护印刷品防火、防水。

2. 设计前做好产品的定位

产品的定位包括品牌定位、消费对象定位和价值定位。一是从产品自身的特点出发，结合产品的本身性质来做品牌定位；二是设计手提袋一定要假定一个目标对象，要思考什么是核心消费群以及手提袋印刷设计核心消费群的价值观和审美情趣问题。

3. 手提袋的风格设计

手提袋的风格设计包括手提袋的色调、画面、字体和排版等方面。

色彩对顾客的心理影响有着十分重要的作用，人对色彩的注意力远远大于对形的注意力。“远看色，近看花”形象地说明了色彩具有引人注目、打动人心和吸引顾客的重要作用。人们对色彩具有主观感情和客观感情，不同的消费者对不同的色彩常常引发不同的联想。

例如，在茶叶手提袋设计的用色上，除了要考虑商品的品种、档次、适用场合外，还要考虑消费者的习俗和欣赏习惯。应针对不同的茶叶品种运用不同的色彩。例如，红茶汤色红艳清亮，饮时入口醇和，清爽持久、回味隽厚、味中有香，应选用暖色调，让人有浓郁、味厚之感；绿茶色泽翠绿，香馥浓烈，具有“形美、色绿、香郁、味醇”四绝，是茶中极品。则应选用绿色、蓝色等这样的冷色调，使人有一种清新鲜爽的感觉；白茶的特点是白毫满身、汤色杏黄、茶味清香扑鼻、滋味醇和，所以宜选用清淡、柔和的色调……如图 7-24 所示。

图 7–24

色彩是手提袋设计中最能吸引顾客的，色彩搭配得当，能使消费者看后有一种赏心悦目之感，引起消费者的注意。用色要慎重，要力求少而精，简洁明快。或清新淡雅，或华丽动人，或质朴自然，要考虑到消费者的习俗和欣赏习惯，也要考虑到商品的档次、场合、品种和特性的不同而用不同的色彩。设计要讲究色彩和整体风格的统一，不能用色过多，形成不了调子，也不能到处用金、银，给人以一种华而不实之感。

图案的运用能使商品更加形象、生动有趣。设计师应充分借助设计因素所组合的视觉图形，使消费者产生丰富的心理联想，牵动消费者的感情，激发消费者的购买欲望。

如“中国茗茶”的包装中，外包装盒为中轴式构图，采用“清明上河图”作装饰；组拼成一幅“清明上河图”长卷，设计古朴、庄重，体现了历史悠久的特点，如图 7-25 所示。

图 7–25

文字也是手提袋设计的重要部分，一个手提袋可以没有任何装饰，但不能没有文字，手提袋的文字一定要简洁、明了，充分体现商品属性，不易用过于繁锁的字体和不易辨认的字，太生硬有尖角的字体也不太适合。

总之，手提袋设计中的材料、色彩、图案和文字等要素是与商品紧密相关的，最关键的问题是怎样能准确迅速地传递商品信息，这是设计者要首先考虑的问题，也是衡量手提袋设计是否优秀的标准，设计时要考虑到与同类产品的比较，对同类产品进行调查分析研究，取长补短，才能设计出能在众多商品中夺目而出，有竞争力的手提袋来。

三、传统纹样及书法艺术在包装中的应用

作为中华民族几千年优秀文化的积淀，传统纹样及书法艺术在现代设计中依然有着其光彩照人的艺术魅力。

（一）关于纹样及书法艺术

纹样就是把自然形象的美组合、归纳，加以程式化的概括，使之成为一种装饰性的图案，是实用性和装饰性相结合的一种美术形式，具有实用价值和审美价值。

书法艺术作为中华民族特有的文字造型艺术，是伴随着汉字的产生发展而产生发展的。真、草、隶、行、篆等多种书体异彩纷呈，使得简单的黑白世界变得绚丽多彩。书法是汉字书写的艺术，是我国传统文化的精髓，具有鲜明的民族特色。

（二）传统图案及书法艺术在包装设计中的应用

1. 传统图案在包装设计中的应用

传统图案作为民间传统文化积淀的组成部分，它漂亮独特的造型组织，纯净、鲜艳、明快的色彩，以及图案自身隐喻平安、吉祥、幸福、安康等象征美好祝福的含义，都让设计者对其青睐有加。在民族化包装中，传统图案纹样是包装设计中常见的一种装饰手法，在显示民族风格上起着潜移默化的艺术效果。用传统图案作为包装设计的设计元素表达节庆、吉祥、祝福的设计主题，从而赋予了产品特定的历史地域文化特性。不适宜用传统图案进行包装的现代商品，若是把传统图案设计在包装上，就会对消费者造成心理上的消费误导，使之产生错误的消费，是不负责任的设计行为。

传统图案历经几千年的发展演变，不断创新、发展、丰富和完善。无论从审美还是从文化的角度，都具有广泛的传承性和适应性，蕴含着无限演变和发展的可能性，具有广泛的运用空间。将其与现代时尚元素结合演绎，运用于现代包装设计上，将更能充分而有效地体现中华民族的精神特征，促进现代民族风格设计的研究与开发。

可以运用一些具有强烈民族文化气息的传统图案（如中国画、装饰纹样、吉祥图案以及民间剪纸、少数民族图案）来表现某些商品的传统性，但是不能仅仅停留于复制和照搬一些传统的图案，而应将我国传统艺术上的传情、含蓄、细腻等审美特点的民族文化精神实质融入其中。例如，可以将传统的文化符号运用现代设计手法（如简化、夸张、对比穿插、扩散、打散等）重新组合，使之具有民族特性的同时又不失现代感，焕发出更加迷人的风采，即把传统中国文化用现代设计手法的方式渗透到手提袋设计中，使之含蓄地表现出来。

2. 书法艺术在包装设计中的应用

书法是传统文化通过艺术手法运用在包装上的一种元素。随着社会的发展，书法艺术的应用范围不断被拓展，人们不断对其加以调整以适应新的需求。将传统的书法艺术广泛地应用于现代包装艺术设计，在丰富设计元素的同时，也为中国书法艺术开创了崭新的天地。中国的很多产品，如茶、陶瓷、筷子等在世界上都以鲜明的民族性著称，这些产品在包装上充分、合理地运用书法艺术语言，能够扩大产品的认知度。把书法应用到包装上不仅可以体现传统文化的艺术韵味，而且更能体现书法与现代产业结合的重要性，使包装更有中国特色。

书法这一艺术表现形式本身含有一定的意义，很多中国的企业，都喜欢使用手写的书法来书写本企业的名字，设计商标，这主要是强调企业的“中国性”、“历史性”以及企业较深的文化底蕴。书法作为塑造企业形象，建立独特的视觉识别系统的一种重要途径，不可或缺。包装中要用到企业的商标，这就把书法艺术结合到了包装中。

2008 年中国奥运组委会的标志，书法体的“BEIJING”字样，以及中国印，就是书法的应用，体现了西方文化和中国文化的有机结合。

书法在包装中体现重要的作用。首先书法应用到包装可以给人赏心悦目，心情舒畅的感觉；其次，使包装盒具有独特性，这是其他元素所不能及的，因为书法本身就具有独特的韵味；再次，书法在包装中更能舒缓人的情趣，使具有商业性的包装添加了艺术魅力，减轻了商业目的给人的视觉冲击，是艺术与现代结合的体现。

四、Photoshop、CorelDRAW、Illustrator 3 种软件对比

（一）软件所属公司

Photoshop 和 Illustrator 都是美国 Adobe 公司的产品，所以界面类似。但 Photoshop 处理的是位图，而 Illustrator 处理的是矢量图形。

CorelDRAW 是加拿大的 Corel 公司的产品，是处理矢量图形的软件。

（二）基本功能

Photoshop 可分为平面设计、图像编辑、图像合成、校色、调色及特效制作，属于图像类软件。

CorelDRAW 是一套屡获殊荣的图形、图像编辑软件。它包含两个绘图应用程序：一个用于矢量图及页面设计，一个用于图像编辑。它给设计师提供了矢量动画、页面设计、网站制作、位图编辑和网页动画等多种功能。可创作出多种富有动感的特殊效果及点阵图像，即时效果在简单的操作中就可得到实现。该软件套装为专业设计师及绘图爱好者提供简报、彩页、手册、产品包装、标识、网页的制作功能；该软件提供的智慧型绘图工具以及新的动态向导可以充分降低用户的操控难度，允许用户更加容易精确地创建物体的尺寸和位置，减少操作步骤，节省设计时间。

Illustrator 作为全球最著名的矢量图形软件，以其强大的功能和体贴用户的界面，已经占据了全球矢量编辑软件中的大部分份额。无论是线稿设计者、专业插画家、生产多媒体图像的艺术家，还是互联网页或在线内容的制作者，使用过 Illustrator 后都会发现，其强大的功能和简洁的界面设计风格只有 Freehand 能与之相比。它最大特征在于贝塞尔曲线的使用，使得操作简单功能强大的矢量绘图成为可能。现在它还集成文字处理、上色等功能，在插图制作、印刷制品（如广告传单、小册子）设计制作方面使用广泛，事实上已经成为桌面出版业界的默认标准。

Illustrator 作为创意软件套装 Creative Suite 的重要组成部分，与兄弟软件 Photoshop 有类似的界面，并能共享一些插件和功能，实现无缝连接，与 Photoshop 配合使用，可以创造出让人叹为观止的图像效果。

Illustrator 与 CorelDRAW 功能类似，界面不同。CorelDRAW 产生年份要早一些，所以目前应用较 Illustrator 广泛。

（三）商业应用

Photoshop 应用于影楼、广告、影视等。

CorelDRAW 应用在刻字、雕刻、名片等。

Illustrator 应用于卡通插画、UI 图标、效果表现、包装稿分色制作等。

（四）优缺点

CorelDRAW、Illustrator 是矢量软件，可以用于处理 LOGO 或是淡印水纹，图像无论放大到任何程度都能保持清晰，特别是标志设计、文字、排版特别出色。

Photoshop 是点阵设计软件，由像素构成，分辨率越大图像越大。Photoshop 的优点是丰富的色彩及超强的功能，如果处理照片或是做些底纹就要用 Photoshop 。缺点是文件较大，放大后清晰度会降低，文字边缘不清晰，图片质量变差。

CorelDraw、Illustrator 在平面中作标志比较好，Photoshop 作效果较好。在制作单色图时用 CorelDraw。Illustrator 出片比较方便，Photoshop 出片会有毛边。渐变图用 Photoshop 制作比较柔和。

（五）格式

Illustrator 的默认格式是 AI，CorelDRAW 的默认格式是 CDR。两者之间直接保存 AI 格式互相都能打开。Photoshop 的工作路径也可以“导出”为 AI 格式，方法是选择【文件】|【导出】|【路径到 Illstrator】，将路径导出为 AI 文件，在其他两个软件打开，并能继续修改，AI 是 3 者间通用的格式。

Photoshop 的默认格式是 PSD，在其他软件里可以“导入”，如果不需要再调整一些原来 PS 的图层位置，那就可以保存为 JPEG 或者 TIF 等其他格式。

Coreldraw 和 Illustrator 的文件之间是互相兼容打开的，PSD 格式的文件只能导入 CorelDRAW 里，导入后不能对其进行失量化操作。

1. CDR 转 PSD

CorelDRAW 中的图形文件要导入到 Photoshop 里，可以在 CorelDRAW 中按“导出”按钮，导入格式选择 EPS 格式，在出现的对话框中设置导出后的图片大小和分辨率，确定即可。打开 Photoshop 后打开那个 EPS 文件，这时在对话框中可以设置大小和分辨率然后单击“OK”按钮，进行栅格化 EPS 文件，几秒后就可以打开那个刚刚从 CorelDRAW 里导出的 EPS 文件了。

2. AI 导出成 PSD 分层文件

打开一个 AI 矢量图，如图 7-26 所示。

图 7–26

选择【文件】|【导出】命令选择 PSD 格式，如图 7-27 所示，并选择图 7-28 关键选项。

图 7–27

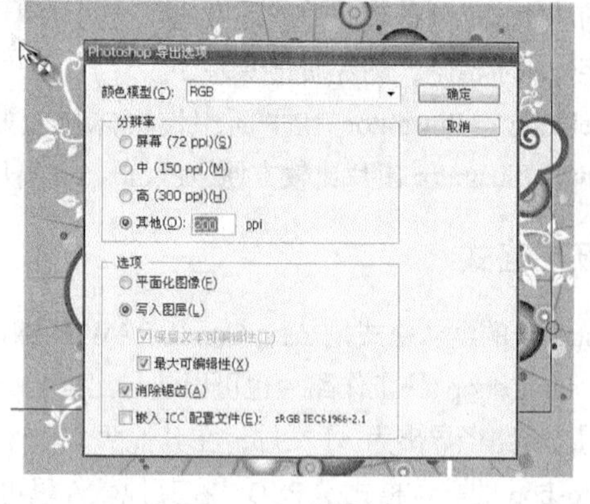

图 7–28

文件导出后，在 PS 中打开，如图 7-29 所示。图中的编组，就是图层，因为勾选了“最大可编辑性”，所以每一个对象都成为了图层，可以根据情况进行合并，以减少文件大小。

图 7–29

3. AI 文件导出 CDR 文件

（1）打开 AI 文件，另存为 AI10 格式，这样完整地保存了文件、填色和组合等属性。

（2）用 AI10 软件打开刚才的文件，另存为 AI7 格式，这样降低了文件大小，依然保持了所有属性，因为文件版本更低，所以兼容性更好，方便在 CD 中完全读取。

（3）用 CDR13 打开刚才的 AI7 文件，除了 CDR 通病（颜色不够亮外），基本上将 AI 文件填色，组合方式与层次等所有属性完整导入了，如图 7-30 所示。

图 7-30

任务拓展

为庆祝 60 年校庆，请搜集校徽、校训、图片等，为学校设计一款手提袋。

（1）手提袋尺寸：正面为高 400 mm×宽 300mm，侧面为高 400 mm×宽 80mm，底面为长 300 mm×宽 80mm。

（2）印刷工艺：CMYK 4 色印刷、表面覆亚膜、白色棉线。

（3）材料：250g 白卡纸。

（4）设计基本要求：符合学校的形象要求，色彩主基调为绿色，体现绿色健康主题和学校“文、行、忠、信”的校训。

（5）设计风格：简约、清新。

任务二 设计企业手提袋立体图

任务描述

本任务主要是“企业手提袋”的立体图设计，使用两点透视原理制作立体图，使用钢笔工具和路径描边做线绳，并用图层样式做立体效果。

最终效果如图 7-31 所示。

图 7–31

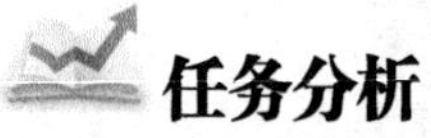

任务分析

（1）学习两点透视的原理。

（2）能够熟练使用钢笔等工具。

（3）掌握手提袋的制作工艺，了解手提袋的设计要素。

（4）欣赏优秀包装作品。

任务实施

（1）选择【文件】|【新建】命令，新建一个文件，名为“立体图.psd”，设置大小为 80cm× 60cm，分辨率为 72 像素/英寸，色彩模式为 RGB。如图 7-32 所示。

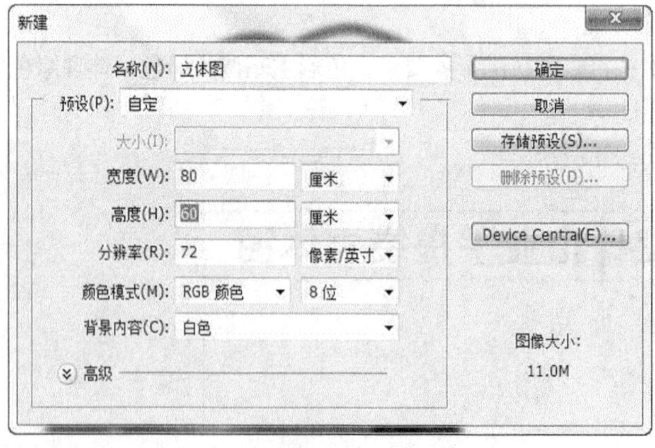

图 7–32

（2）打开任务一制作的“宝岛餐会手提袋.jpg”文件，如图 7-33 所示。

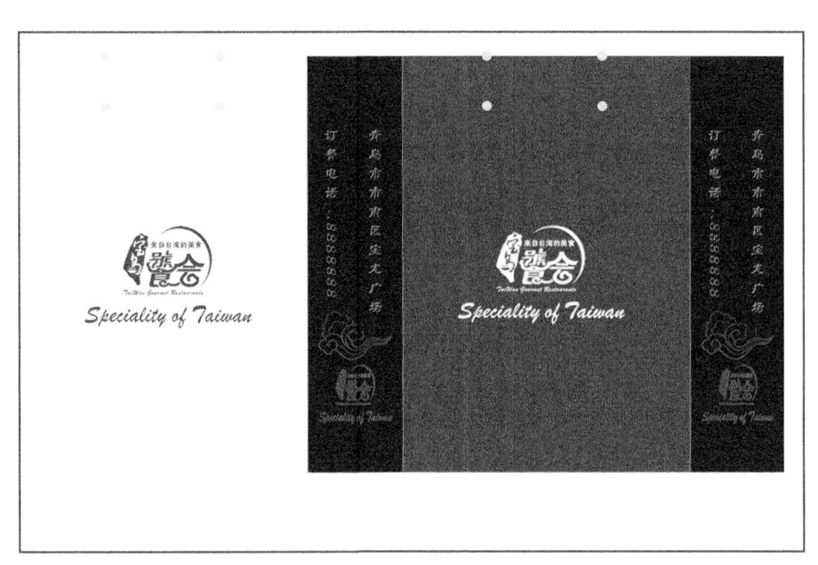

图 7–33

（3）将手提袋的正面图形复制后粘贴到新文件中，生成图层 1 并改名为“正面”。

（4）选择【编辑】|【变换】|【扭曲】命令，为图形添加变形框。如图 7-34 所示。

图 7–34

（5）将鼠标光标移动到变形框左侧中间的控制点上，按住左键向上拖曳鼠标，使其产生透视变形。

（6）再将鼠标光标移动到变形框左上角的控制点上，按住左键向下拖曳鼠标，将图形进行透视调整，如图 7-35 所示。

图 7–35

操 作 提 示 在扭曲调整中，一定要遵循透视的原理，本例中用的是两点透视，可在左右各定一个视觉消失点，由于画布的限制，可能消失点会画到画面的外边，可以将图像显示比例缩小来做。由于我们给客户看的不是要求太精密的图，所以只要遵循透视原理即可。

（7）将手提袋侧脊复制到新文件，新建图层，重命名为“侧脊”。

（8）选择【编辑】|【变换】|【扭曲】命令，为侧面图形添加扭曲变形框，按透视原理调整至如图 7-36 所示效果。

图 7–36

（9）选择“钢笔工具” ，在画面中绘制出如图 7-37 所示的钢笔路径，并使用“将路径作为选区载入” 按钮，将路径转换为选区。

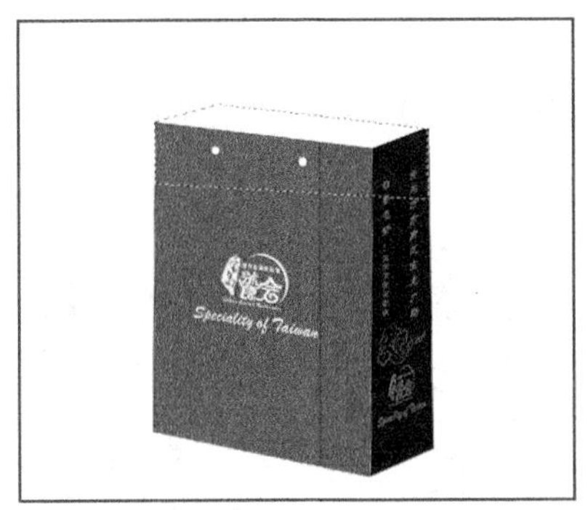

图 7-37

（10）在图层面板中按【新建图层】并重命名为“袋内”，并将其放置到图层“正面”的下方，然后将工具箱中的前景色设置为深灰色（75，74，74），为选区填充前景色，效果如图 7-38 所示。

图 7-38

（11）执行【选择】|【取消选择】命令，选择工具箱中的“矩形选框”工具，绘制如图 7-39 所示的选区，执行【图像】|【调整】|【亮度/对比度】命令，弹出“亮度/对比度”对话框，设置亮度为 55，效果如图 7-39 所示。

图 7-39

（12）选择工具箱中的“椭圆选框”工具，在画面中依次创建椭圆选框，并用【Delete】键将选区内容删除，做出绳孔，最终效果如图 7-40 所示。

图 7-40

（13）在“侧脊”图层绘制如图 7-41 所示的选区，并填充侧脊背景颜色，在“袋内”图层绘制如图 7-42 所示选区，删除选区内的部分，处理效果如图 7-43 所示。

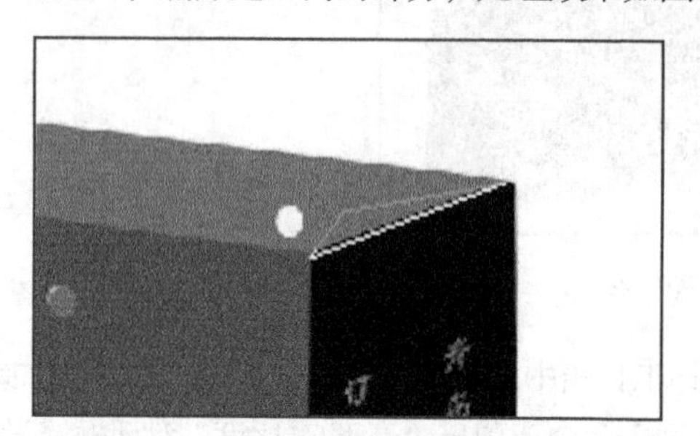

图 7-41

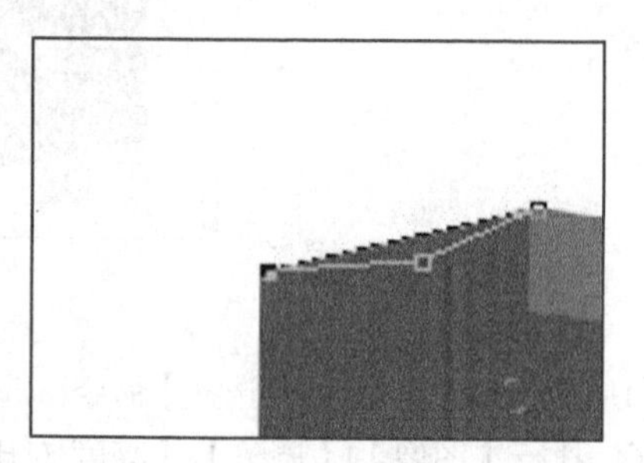

图 7-42

图 7-43

（14）在“侧脊”图层绘制下图矩形选区，调整亮度为 55，如图 7-44 所示。

图 7–44

（15）利用工具箱中的“钢笔工具”，绘制路径如图 7-45 所示。

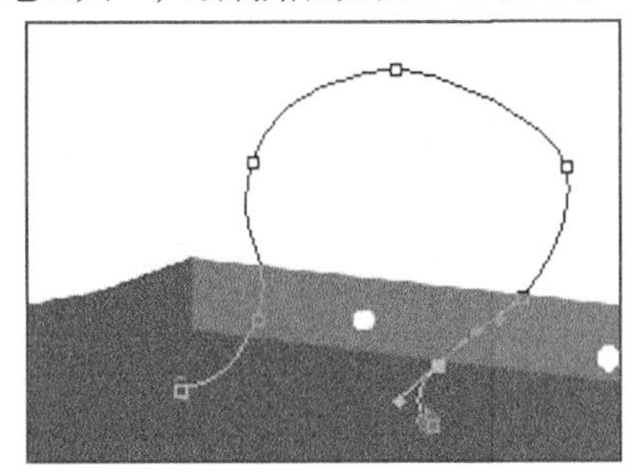

图 7–45

（16）在图层面板中按【新建图层】 新建“线绳”图层，将前景色设置为黑色。选择工具箱中的“画笔”，在属性栏中设置主直径为 20 像素，硬度为 0。打开路径面板，单击底部的“用画笔描边路径” ，进行路径描边，然后在路径面板中单击灰色区域隐藏路径，将“线绳”图层的“图层样式” 设置为“斜面和浮雕”如图 7-46（a），描绘出线绳效果如图 7-46（b）所示。

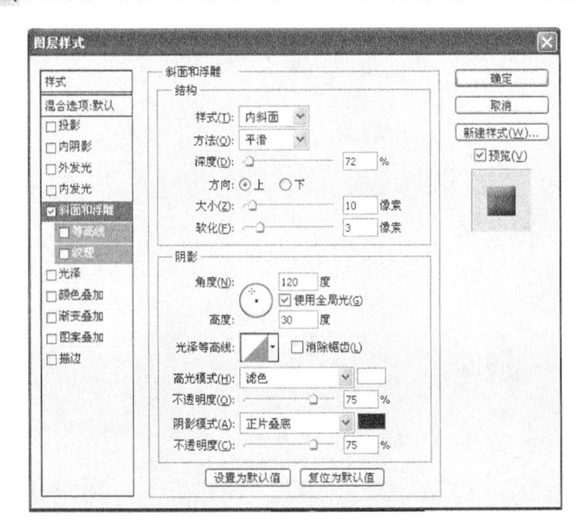

图 7–46（a）

图 7–46（b）

（17）复制“线绳”图层为“线绳副本”，用“移动工具”将另一根线绳放置到合适的位置。在线孔袋内位置用“画笔”工具画上绳结，将应由后袋面遮挡部分用“橡皮”工具擦除，最终效果如图 7-47（a）所示。

图 7-47（a）

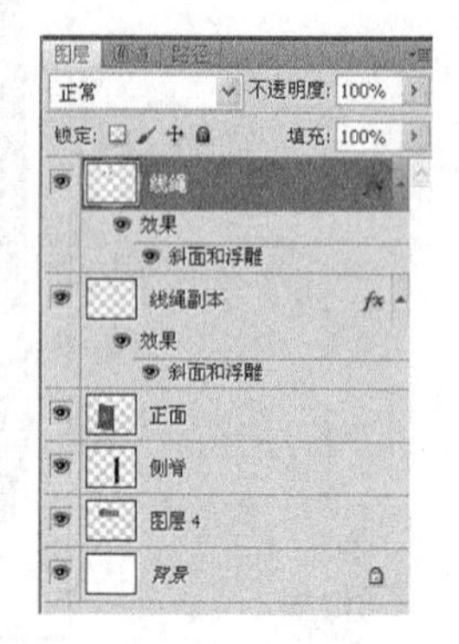

图 7-47（b）

操作提示 “线绳副本”图层一定要放到“线绳”图层的下方，否则会出现线绳交差的视觉效果。

（18）保存文件。最终图层如图 7-47（b）所示。

新知解析

一、透视

透视法是观察事物的方法，也是记录用眼睛所观察到的事物的方法。

（一）一点透视

如图 7-48 所示。

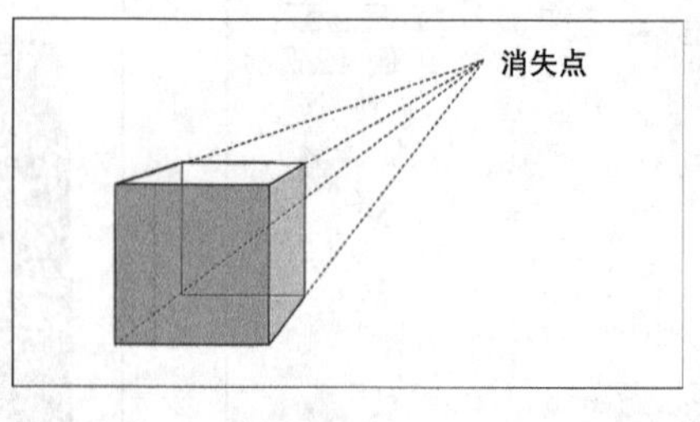

图 7-48

（二）两点透视

如图 7-49 所示。

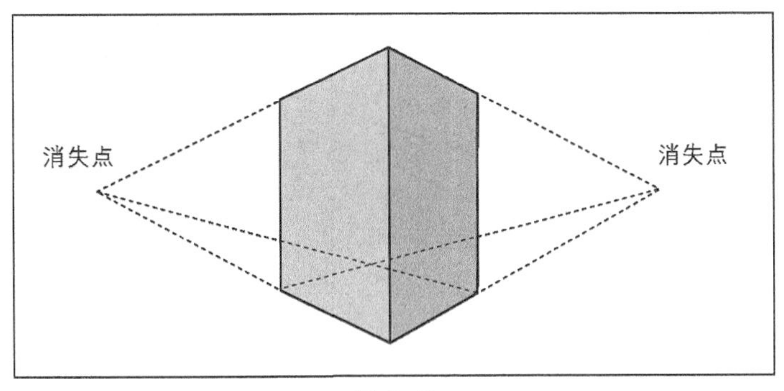

图 7-49

在两点透视中，消失点的位置决定了物体的形状，如图 7-50 所示。

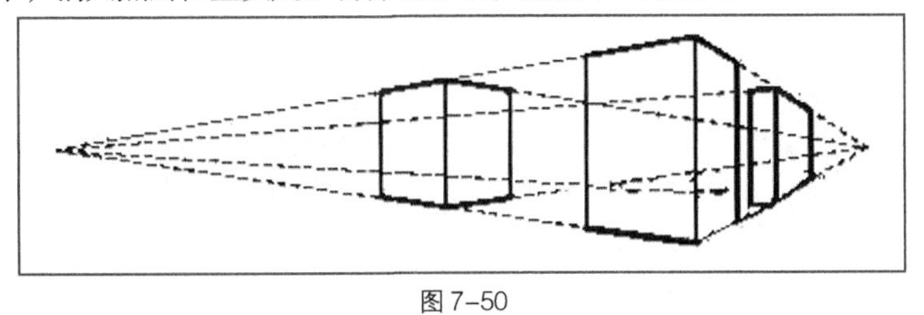

图 7-50

（三）光影透视

如图 7-51 所示。

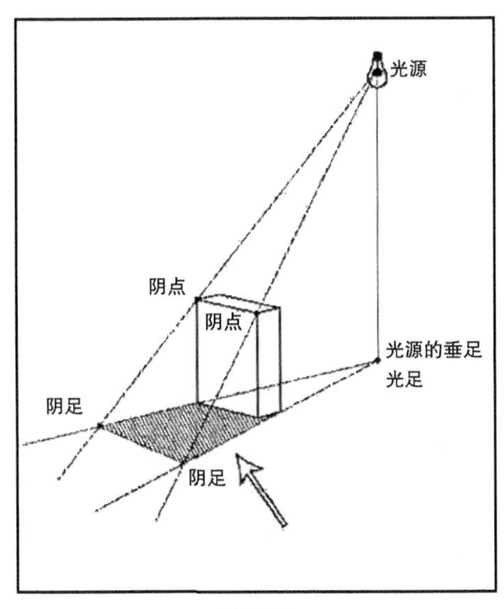

图 7-51

（四）利用二点透视做手提袋

（1）把右上角作为视觉消失点，向左下方做射线，如图 7-52 所示。

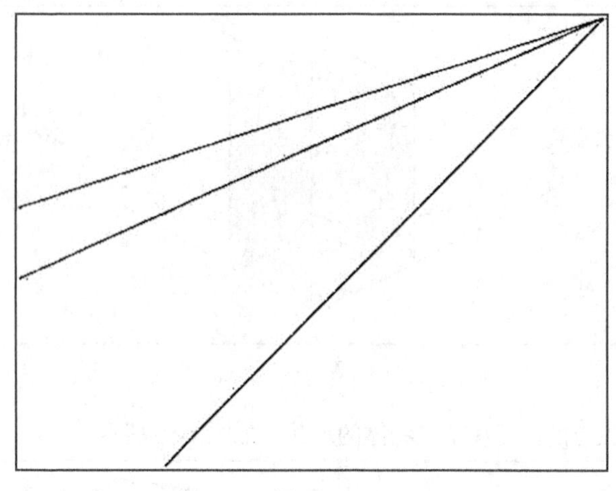

图 7–52

（2）在左面定一个视觉消失点。因为不可能建太大的画布，这个点可能要定到画面的外边，只要找到这个感觉就可以，如图 7-53 所示。

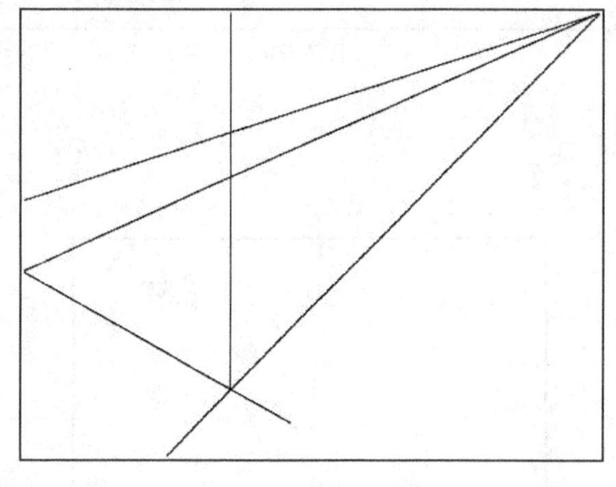

图 7–53

（3）依次把各交汇点相连，如图 7-54 所示。

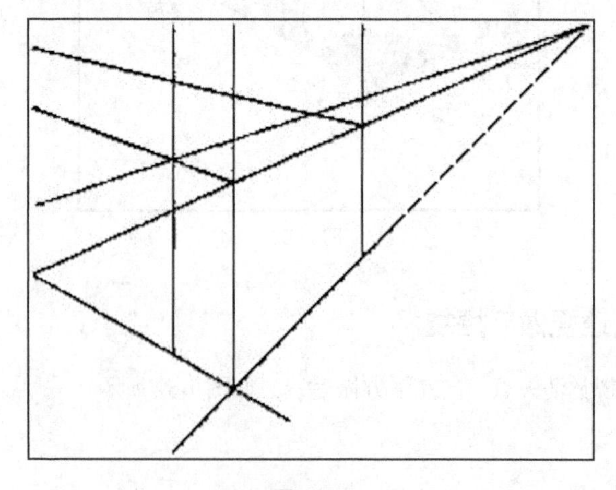

图 7–54

（4）打开一幅事先做好的图，选择后复制，返回透视图进行粘贴，选择【编辑】|【变换】|【扭曲】将图像扭曲直到符合正面形状，如图 7-55 所示。

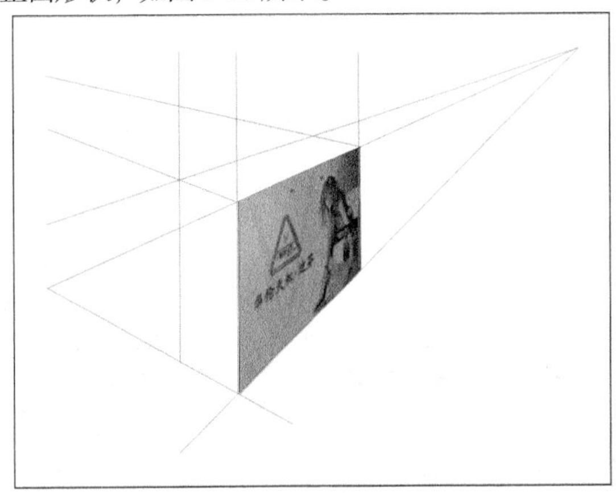

图 7–55

（5）在每个面都创建新的图层，并贴入相关图片，或填充颜色通过亮度对比度调整出立体效果，如图 7-56 所示。

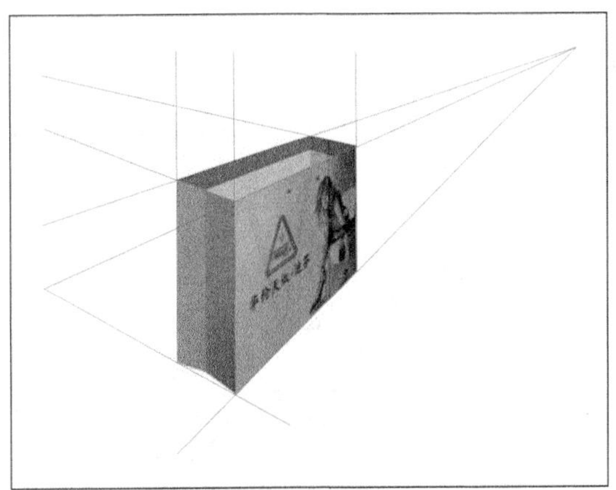

图 7–56

（6）画出线孔及内袋的折叠效果，如图 7-57 所示。

图 7–57

二、手提袋欣赏

（一）铜版纸手提袋

具有较高的白度与光泽度，是设计师为企业设计制作手提袋的首选。4 开以下手提袋最常用于盛放各种化妆品，常在手提袋上印上与内容物相同的广告宣传图文，如图 7-58 所示。

图 7–58

（二）白板纸手提袋

白板纸手提袋是一种比较实惠的手提袋。经常用于服装手提袋，其规格一般是对开或全开，如图 7-59 所示。

图 7–59

（三）牛皮纸手提袋

牛皮纸手提袋一般用于盛放普通商品，是一种成本最低的手提袋，如图 7-60 所示。

图 7-60

（四）卡纸手提袋

卡纸制作的手提袋是一种最高档的手提袋，用于盛放高档服装或商品，显得特别高雅，如图 7-61 所示。

图 7-61

（五）哑粉纸手提袋

哑粉纸，两面均不反光。哑粉纸手提袋的图案，没有铜版纸色彩鲜艳，更细腻，更高档，如图 7-62 所示。

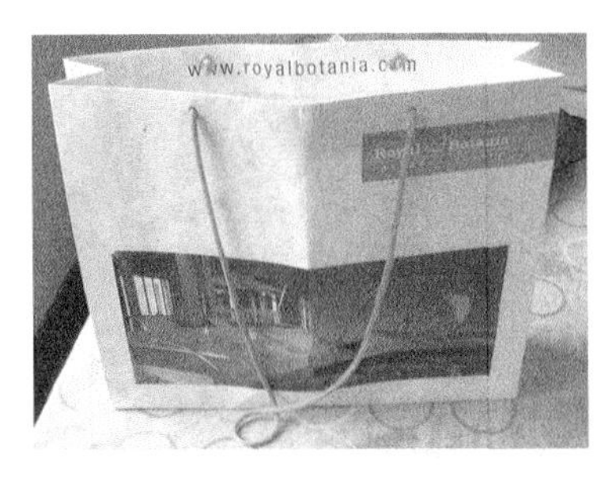

图 7-62

（六）铝箔纸手提袋

铝箔纸是一种硬度强、抗腐蚀、抗潮、不易被打湿、质感上乘的纸张，用铝箔纸制作的手提袋精美高档，为各企业制作宣传手提袋的首选。

图 7-63

（七）触感纸手提袋

触感纸也叫特种纸，是制作手提袋最为高档的材质之一，手感滑而细腻、有明显的厚重感，如图 7-64 所示。

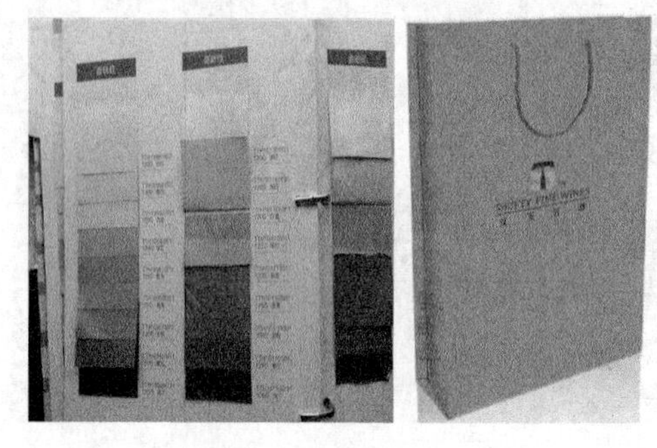

图 7-64

（八）塑料袋

塑料是一种很轻的物质，用很低的温度加热就能使它变软，随心所欲地做成各种形状。塑料制品色彩鲜艳、重量轻、不怕摔，经济耐用，如图 7-65 所示。

图 7-65

三、优秀包装设计欣赏

1. 万上烧酒“驹子”

日本食品公司“龟甲万 KIKKOMAN”生产的烧酒“驹子”的包装瓶。酒的名称来自日本作家，诺贝尔奖获得者——川端康成的小说《雪国》中主人公的名字。酒瓶造型富有动感的曲线，体现了日本传统女性的柔美身段。虽为特型瓶却达到了可批量生产。

图 7-66

2. 儿童电池产品

电池产品的顾客是儿童。品牌设计旨在促进礼品的销售（在商店里，电池产品就摆放在儿童礼品的旁边）并建立起顾客对这个正在发展的部门的忠诚感。包装以各种不同的动物为特色，动物的身体图案印在电池体上。电池装在印有动物的套子里，为动物增加了一种立体感。动物的独特形状、花纹和颜色吸引了孩子们，使他们购买过一次后就能选择要“奶牛电池”。

图 7-67

图 7-68

3. Bahlsen

Bahlsen 是德国有名的高级饼干品牌。正如其名字所暗示的，该品牌的系列产品将会受到家里成员的喜爱，在这些产品种类中每个人都有自己喜欢的品种。设计方案旨在突出这一点，每个品种经过仔细的设计，它们集合在一起形成一个饼干家族。当饼干包装盒并排摆放在货架上时，形成了以长串手拉着手的人物形象，创造出抢眼的货架效果。

图 7-69

4. 其他优秀包装欣赏

太极形态的包装盒，
采用木头做材料，
充满古国古典意味。

图 7-70

该酒瓶的包装设计古韵十足，风水画加上顶部镂空的设计复古而显品质。

图 7-71

该酒瓶的外形采用电灯泡的形状，创意新颖、色泽漂亮、增强品质感。

图 7-72

复古的酒瓶造型。古代铜钱的形状，深沉的酒瓶颜色，增强了该酒的年代感。

图 7-73

西湖龙井的包装融入了西湖水与断桥的文化色彩，更富有杭州印象在其中，更有造型上的新意。

图 7-74

充满趣味性的包装盒，图案有趣而充满立体感，使人心情愉悦。

图 7-75

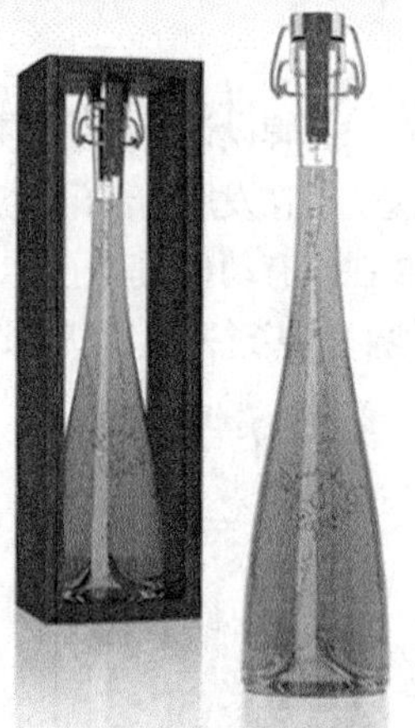

该酒瓶造型感十足，色彩也层次分明，简单却绚丽。

图 7-76

该香水的包装很独特，通过色彩区分不同的香味。

图 7-77

利用耳机线作为音符的一部分，利用耳机塞作为音符的另一部分，充满设计感。

图 7-78

图 7-79

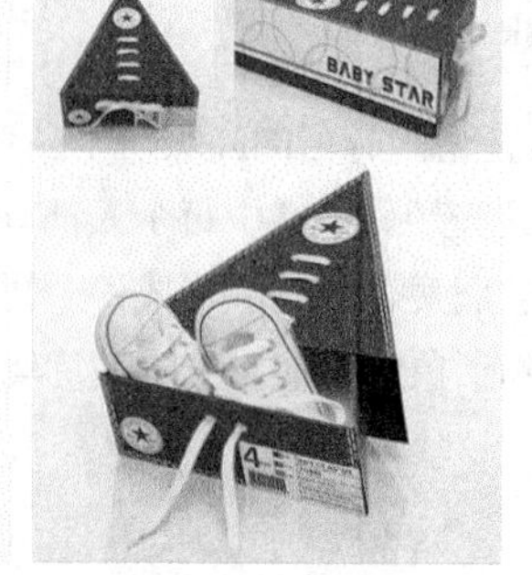

图 7-80

任务拓展

（1）为校庆手提袋做立体效果图，要求：正反面都要完成。（注意，两点透视的比例要正确）
（2）为崂山绿茶做创意设计。
要求从以下方面入手。

1. 设计思路

对崂山绿茶的简单介绍。

2. 包装盒的造型、结构及装潢设计过程

（1）内包装（内包装盒的尺寸计算、造型图、装潢图）。
（2）外包装（外包装盒的尺寸计算、结构图、造型图、装潢设计图）。

3. 手提袋的结构及装潢设计过程

外包装盒的尺寸计算、手提袋的结构图、手提袋装潢设计图。

项目评价反馈表

技能名称	分值	评分要点	学生自评	小组互评	教师评价
手提袋的设计	2	图像搭配合理 文字诉求点清晰			
包装的制作工艺	1	应用到设计中			
立体效果图制作	2	透视比例正确			
项目总体评价					

附：茶叶包装设计案例

第一部分　设计思路

此包装是一款黄山毛峰茶茶叶包装，结构简单大方，便于机械生产，降低生产成本。整体以绿色和象牙色为主色调，色彩清新大方，透出一种清新、内涵、香甜的感觉。精致图案更容易引起人们的购买欲望，促进销售。

一、造型设计

通过调查，现在的茶叶包装要么特别奢华，要么特别简单。为了消除过度包装，因此选择运用简单大方的套盖式长方体为外包装的造型和圆筒状的内包装。因为内包装和外包装结构相似，相互嵌合，生产统一方便，所以外包装可以放置多个内包装，仅需根据需要修改外包装尺寸。

二、结构设计

外包装采用书盒的结构，材料为质量较好的白板纸，有一定的抗压强度，便于生产，降低成本。内包装为纸质圆筒，是比较传统的包装形式。

三、装潢设计

外包装以象牙色为底色，透出淡雅的气质，茶壶相互映衬，更显和谐；打开包装盒内部有对黄山毛峰价值的详细介绍，使整个包装更加完整、紧凑。

内包装也以象牙色为底色，主装潢面为黄山轮廓和一位老者望月饮茶图，包装形式大体上与外包装遥相呼应，体现出深沉的气质。

外包装的侧面要分别填写茶叶的原料，制造商及其地址和邮编/电话等信息，还要写有保质期、贮存方法以及生产日期等产品信息，然后加上一些宣传文字等，就构成了一个完整的装潢设计。

第二部分　包装盒的结构及装潢设计过程

一、内包装盒的结构造型及装潢设计

1. 内包装盒的尺寸计算

内包装盒为一个圆筒，造型简单，并且圆形本来就有很多寓意，让人的视觉舒适。圆筒是一般茶叶包装的必要包装，密封性好，可以直接盛装茶叶。

内包装的尺寸为直径 70mm，高度 100mm。

2. 内包装盒造型图

瓶身　　瓶盖　　整体效果

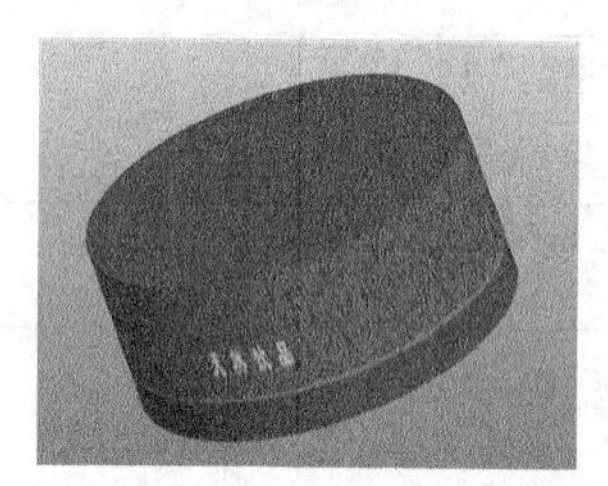

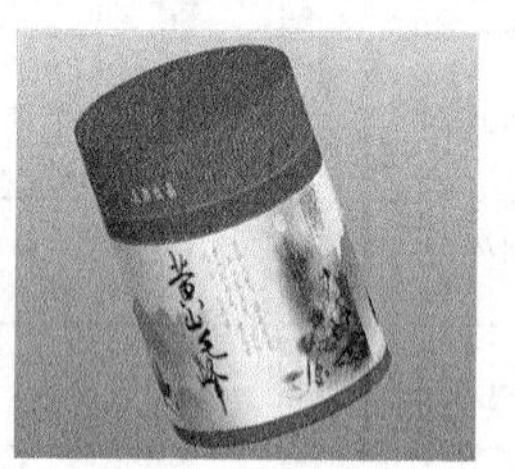

图 7–81

3. 内包装盒装潢图

茶叶筒装潢图

图 7–82

二、外包装盒的结构造型及装潢设计

1．外包装盒的尺寸计算

根据内包装的外尺寸及其排列方式可知外包装盒的尺寸为 260cm × 260cm × 110cm（包括了纸板的厚度）

2．外包装盒的结构图

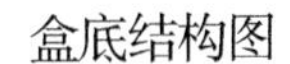

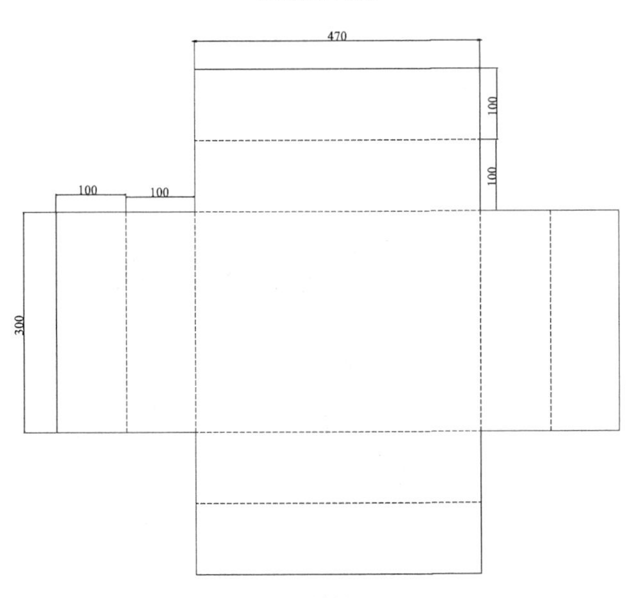

盒盖结构图

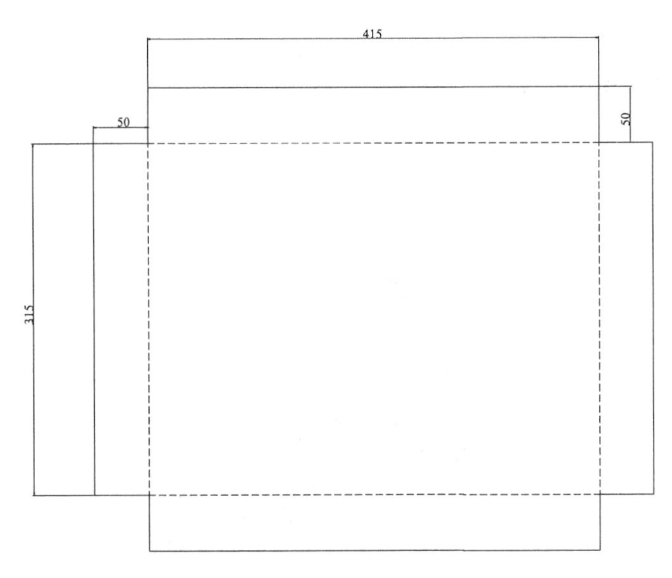

图 7–83

3．外包装盒造型图

盒体衬垫如图 7-84 所示，衬垫高 50mm，4 个内包装盒放在衬垫孔里。

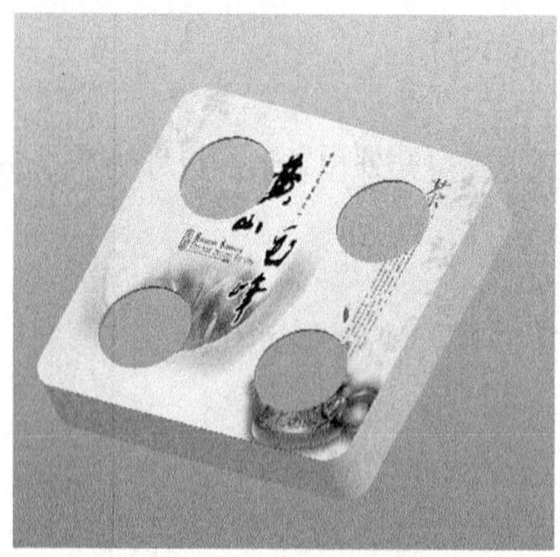

图 7-84

4．外包装盒装潢设计图如图 7-85 所示。

图 7-85

外包装整体效果图如图 7-95 所示。

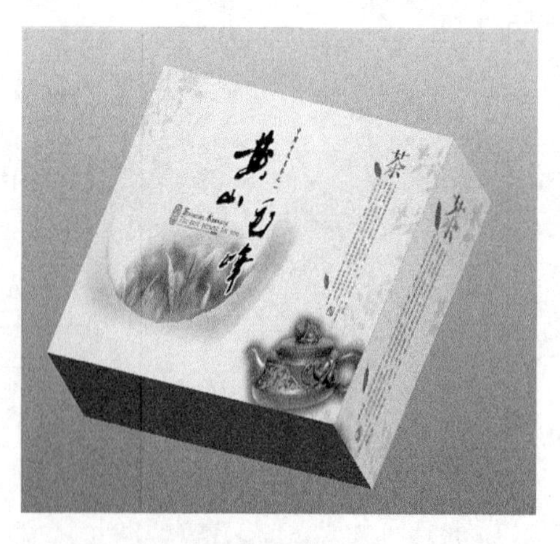

图 7-86

第三部分　手提袋的结构及装潢设计过程

1．外包装盒的尺寸计算

根据外包装的外尺寸，可设计手提袋的尺寸为 300cm × 265cm × 115cm。

2．手提袋的结构图如图 7-87 所示。

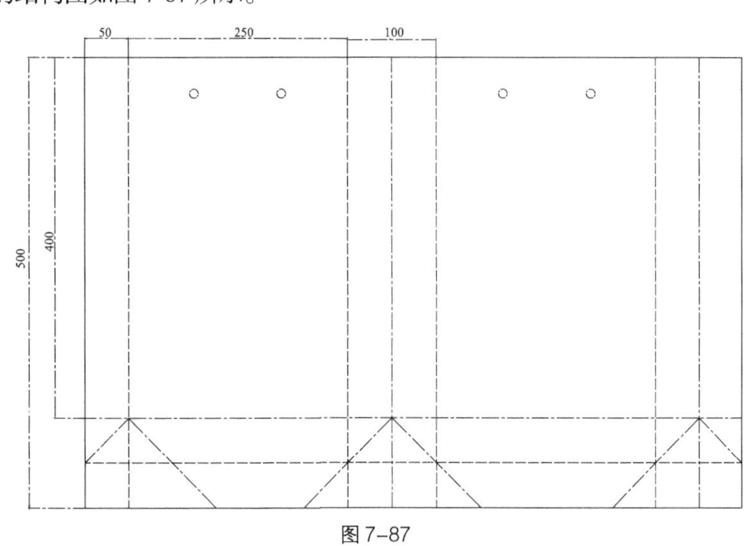

图 7–87

3．手提袋装潢设计图如图 7-88 所示。

图 7–88